U0664940

后浪

激活人生状态的精力管理关键

你充满电了吗

Are You
Fully Charged?

The 3 Keys to Energizing
Your Work and Life

Tom Rath

[美] 汤姆·拉思——著

清 浅——译

江西人民出版社
Jiangxi People's Publishing House
全国百佳出版社

献给我的母亲康妮·拉思，
她倾其一生的时光为他人提供满满正能量。

多方赞誉

这是一本教人如何科学充电的书，如何在工作、学习、生活中都充满激情和活力，它既不是鸡血也不是鸡汤，而是日常的锻炼和修为，是告诉人们如何才能管理好精力，如何在紧张忙碌中达到舒压效果。反复充电、休整，以崭新的面貌启程。它从深层揭示出生命的意义，在意义的感召和切实的行动中，每一天都可以充实、快乐。

——萧秋水 作家、知识管理专家

这本书与其说是管理类书籍，不如说是一本通过"润物细无声"的自我管理去实现团体、乃至社会社群的整体进步的宝典。我们过往往往把对自我的管理和社群的管理理解得有些复杂乃至神秘难以把握，拉思则在此书中几语道破真谛。

——杜宏 北大光华管理学院MBA、PP租车人力资源副总裁

你充满电了吗

　　本书作者汤姆·拉思是盖洛普公司全球咨询业务负责人，领导了一系列的研发项目，出版了许多影响深远的畅销书，成就斐然。不为人知的是，他16岁就被诊断患上了癌症，并为此失去了左眼，如今已经与癌症斗争了二十多年。一位癌症患者是如何取得这样的成绩的？本书其实讲述的就是作者本人亲身实践的方法：如何让我们自己每天充满电，精力充沛地去实现自己的人生价值。

　　——王明伟　培训师、企业教练、管理畅销书作者，著有《积极达成》

　　我们每个人都好比一部智能手机，具备更多的功能，在工作、生活、社会活动等方面，都希望自己能有所成就。我们肆意地发挥着自己的能量，却会忽略这部手机的电量，也在一点点消耗。如果你希望自己时时刻刻都电量满格，全身心的投入工作和学习，头脑清醒，思维敏捷，在各个领域都能充分发挥自己的价值，这本书就是为你量身定做的。

　　——李参　职业培训师，咨询师

包括《盖洛普优势识别器2.0》和《你的水桶有多满？》在内，汤姆·拉思的书售出了600万部，在《华尔街日报》畅销书榜单上停留了300周。本书可以说是他最好的作品，易读而又严谨，意义深远而又切合实际。

——丹尼尔·平克 《驱动力》作者

我们该如何生活？汤姆·拉思给出了答案。在他的重要新作《你充满电了吗》中，拉思根据他数十年的研究以及对人性的深刻思考，给我们指出了正确的方向，并向我们的旅程注入了快乐和意义。

——苏珊·凯恩 《安静》作者

《你充满电了吗》描绘了一幅获得更美好生活的蓝图。这种生活能够创造更多的能量。拉思的书简单易读，以大量研究为基础，并且非常实用。

——奇普·希思、丹·希思 《瞬变》《让创意更有黏性》作者

《你充满电了吗》讲述的是如何真正地让自己焕然一新。汤姆·拉思通过他的深入研究，向我们展示了能够让我们的生活更

有意义的三个关键因素：树立更大的目标而不是只关注自己；更重视人和体验而不是实物的价值；明白帮助他人的前提是先确保自己的幸福。对于想从生活中获得更多东西的人来说，这本书是必读之选。

——阿里安娜·赫芬顿 《赫芬顿邮报》创始人之一

《你充满电了吗》，汤姆·拉思这部出色的新书以他的百万销量作品《盖洛普优势识别器2.0》为基础，向你展示了一种更有意义的生活，它让你的每一天都更加精力充沛，人际互动也变得更好。如果你听取拉思的明智建议，付诸行动，那么你的生活将变得更有意义，并会给你带来更多回报。

——比尔·乔治 《真北》作者，美敦力公司前CEO

了不起的汤姆·拉思又写了一本非读不可的书。他在这本书里揭示了意义、互动和能量如何让我们活得更幸福、更健康、更高产。《你充满电了吗》将激励人们做出改变，并从明天一早就行动起来。

——格雷琴·鲁宾 《幸福计划》《比从前更好》作者

汤姆·拉思告诉我们，专注度取决于意义、互动和能量，而不是幸福感。这本很有意义且简单易懂的书给出了大量的最新证据，可供我们付诸行动，以提高我们的动机层次。

——亚当·格兰特　沃顿商学院教授，《沃顿商学院最受欢迎的成功课》作者

序1 你还相信自己能改变世界吗

很多人问我:"你是怎么能一边上班一边写作一边带孩子一边还能处理好多事的?"

我总是回答:"可能我先天精力旺盛吧。"

事实上,我也不知道为什么我的精力很旺盛,能从早6点一直high到凌晨2点,一方面有家族遗传,另一方面大概因为我一直在做自己想做和喜欢做的事情。对于精力管理和分配来讲,内心的热忱是最好的精力源泉。

我们都有这样的经历,年少时候跟自己喜欢的人煲电话粥,一整夜都不嫌累。看自己喜欢的书和电影,一整天不吃不喝都可以。可为什么现在的我们,上个班咖啡不断,抽烟不断,却依然哈欠连天?下了班就瘫在沙发上起不来?拖延症横扫全身每一个细胞,懒癌让我们干什么都困难。难道真的是因为年纪大了,身体不行了?精力跟不上了?

记得刚毕业的时候,我们都特别憧憬自己的工作,每每提及公司的福利中有很多培训,有很多高大上的资源,就激动得不得了。那时候的我们,都觉得自己是带着使命感来工作的。

看一个广告片就能热血沸腾地感觉自己就要改变全世界，填个表格都觉得自己在团队里的作用举足轻重。总而言之，每天都活得特别带劲，上班最早到，下班最晚走，每天怀着"让世界变得美好一点点"的心情去工作和生活。使不完的劲儿，亮闪闪的眼睛。工作个三五年，这双能看到全世界的眼睛，就只能看到眼跟前了。谈情怀画大饼，都不如涨工资发奖金来得实在。工作仅仅是一个场所，赚钱成为工作的最终目标，不再关心自己做的是否有意义，而只关心把手头的事儿做完就回家。言必提钱，再也别想用什么理想让我们免费付出点什么，生活里就剩下包包包和买买买了。

你看，其实不是我们年纪大了，精力差了，而是我们的眼界小了。摸着自己的心问问自己，你还相信自己让世界每天变好了一点点吗？你还相信自己能改变世界吗？

这本书，与其说是精力管理，不如说是能量与心态管理。就像我前面说的"内心的热忱是最好的精力源泉"。通过微小的成功创造人生意义，让工作成为目标而不仅仅是一个场所，寻找比金钱更高的使命和价值，问问世界需要什么，而不仅仅是陷入自己的阴影里。从小处开始，保持清净，不要同周围的人做无谓的比较，让自己的内心回到最青春的时刻，建立自己的累积性优势，体验多样的生活，保持健康的体魄和生活方式，创造属于自己的正能量。

所谓精力管理的方法，事实上不仅仅是一种方法论，更多的是一种自我生活整理术。当我们对自己的生活倦怠、没有目标、找不到乐趣的时候，也就是我们应该整理一下自己的生活的时候了。当生活被重整旗鼓的时候，我们会发现，我们又回到了自己年轻时候的样子，奔奔放放，充满活力。

特立独行的猫

序2 电量满格的人生是一种什么样的体验

这本书是一本拿起来就可以给你补充能量的书。

其实我一直都对有关"能量"的书不太感冒，许多这类题材的书都神神秘秘，既不具有可操作性，他们理论和观点也无法证伪。前几年看了几本以后就放在一边，并没有觉得有多大用处。

直到豆瓣红人——鼹鼠的土豆给我寄来了这部书的书稿，我突然发现有关"能量"的书可以基于科学而非玄学，每一个结论都有着坚实的研究基础，令人信服。它真正能够改变我们关于能量管理的观念模式。

我个人对这类型书的标准有两个：

1. 能够说服你从根本上"醒悟"。

2. 具有操作性。

这本书完全满足了我这两个选书的标准。

从"道"上，它能纠正你的观念模式，让你产生意识，意识到自己原先的一些固有思维是错误的。不仅如此，从"术"上，它能指导你通过一些思考方法，巩固自己的新的观念模式。从"器"上，它能提供一些小技巧实践，让你马上可以改变一些情形。细细读来，每一条建议都是放下书就可以实现的。从如何打破不停看手机的习惯，到如何与自己有矛盾的他人愉快地相处，再到如何在各个方面系统减压，这本书都面面俱到。

在许多成功学或鸡汤读物中，它往往被塑造成人生赢家的标志，一个每天只睡四五个小时，各大航空公司金卡甚至黑卡乘客，没有时差，7×24小时投入战斗的随时唤醒状态，对于这种终极生物的谜之崇拜造就了许多人的心安理得："因为我做不到，所以我没法成功。"

我曾经也有这样的迷思。

我自己的历史中挂着满满的"失败"：高考失败，大学挂科，连续三年申请交换生都失败了，考研连续两年失败，被公司集体裁员……

我的第一个创业项目是智能手表。在长达三个月的团队搭建、产品定义、外观设计和技术调研后，这个还没正式开工的项目就完蛋了，既没有融到资，也没有完成原型。

总结过许多失败的原因，其中有一条便是"精力不足"，当每天无数繁杂琐碎的事项糊你一脸时，你甚至没有时间去思考哪些该做，哪些不该做，结果便是眉毛胡子一把抓，最后累得大脑瘫痪、小脑麻痹，在昏昏沉沉中睡去，在迷迷糊糊中醒来。

我曾经以为自己永远不可能像那些传说中的成功人士一般，打满鸡血，能量满满，直到我开始第二次创业："女神进化论"。

从开通公众号，一个字一个字地码文开始，到自己找货源、仓库，自己打包、寄快递，自己当客服、售后、市场、BD 兼品牌代言人，到谈融资、注册公司、招聘团队、找办公室、装修……在这不到一年的时间里，我完成了从一个失败者到正能量满满的蜕变。我知道在光鲜亮丽的背后有多少蓬头垢面，我知道在每一个赞赏的身后有多少个不眠之夜。

虽然早先没能看到这本书，但幸运的是，我一直都在按照这本书中所提到的一些关键原则来管理我的人生。

比如，"寻找比金钱更高的价值"。

我经常和别人说，创业的这大半年，是我到目前为止最穷也最开心的日子。当收入变成负数，每次交房租都会觉得银行卡变瘦了。可我依然每天都高高兴兴的，因为每天都能碰见不同的人，听到不同的讯息，处理不同的事情，视野变得开阔了，每天都是一个全新的自己。

许多人挂在嘴边的"财务自由"，并不是我创业最重要的原因，而更多的则是书中提到的"意义"二字，你能为世界做点什么，你能为他人做点什么，你的价值何在。

此书的许多结论印证了我充满电量的原因，同时，也给予了我更多电量的来源。"意义、互动、能量"，看似简单的三个关键词却有着无限的魔力。当你用这本书的方法指导你的生活、学习和工作的时候，会突然发现很多事情有所改观。

我能告诉你这本书的味道，却不能替你去吸收营养。愿你放下此书之后，也像我一样，在追求能量充盈的人生道路上，开足马力，一往无前。

寺主人

2015年1月22日

于北京·三里屯

自 序
你充满电了吗

如果你电量充足，你就能完成更多事情。你和他人的互动会变得更好。你的头脑清晰、身体健康。在电量满格的日子里，你的投入度会更高，幸福感会更强。这种状态持续下去，会让你看重的事项蒸蒸日上。

在电量充足的日子里，我的工作效率会高出很多。同时，作为丈夫、父亲和朋友，我的表现也会更臻完美。最重要的是，我可以为其他人做更多事情。但是，直到最近，我也没有弄清楚到底何种行为可以让我们在日常生活中精神饱满、神采奕奕。

我的职业生涯一直研究的是职场投入、健康和幸福感。针对这些主题，我已经写了几本书，但就我个人而言，最大的挑战是将我的研究发现融入自己的日常生活。毕竟，如果我不能改变自己的行为，那么这些知识并不能为我带来任何实质的好处。

幸运的是，近期出现了一个新的研究主题：创造日常幸福。以往，向人们提出问题并追踪他们的行为需要花费大量时间和金钱。因此，研究人员收集的都是关于人们生活和工作的基本信息。在过去的100年里，大多数有关幸福感的研究都基于对人们在数年或数十年跨度内的生活状况的调查。

当被要求反思自己的人生时，大家首先想到的会是一些广义的概念，例如健康和财富。问题是，这些一般性的衡量标准无法帮助人们日渐改善自己的生活。健康是一个长期的概念，财富更不是朝夕之间就能累积的。因此，我们需要一个新的方法去衡量什么才是生命中重要的东西。

关于日常体验的科学

现今，追踪人们行为所需的时间和金钱成本都大幅降低。衡量人们每日甚至每时的想法、情绪和行为也变得更加轻而易举。新技术使得科学家们可以在一天中的任意时段，随时询问调查对象他们在做什么，和什么人在一起，是否享受自己当下的行为。感应器和可穿戴设备甚至不需要穿戴者输入信息，就能测量出他们的实时状态。

由于这些新技术以及一些新的研究方法的出现，人们对日常幸福的核心要素的认知迅速增长。研究人员将这类知识称为日常体验。它是一天中积极和消极经历（或者积极和消极影响）的产物。研究人员询问调查对象在具体的某一天是否体验到快乐、享受、压力或者其他情绪，由此来衡量日常体验。日常幸福和广义上的生活满意度之间的差别非常重要，因为它会导致截然不同的时间和资源最优投入比例的结论。

例如，为了提高生活满意度，传统的建议是鼓励人们投入大量精力去增加收入。然而，尽管生活满意度会随着收入的增加而（几乎无限地）增加，但当人们的收入达到某个值后，赚更多钱并不能真正改变人们的日常体验。

例如，在美国，当家庭年收入达到75 000美元后，统计上并没有出现幸福感大量上升的信息。尽管这一数据引起了广泛的关注，但人们似乎忽略了一个事实，即日常幸福感和收入之间的正比关系几乎都发生在年收入40 000美元这一分界线之下。事实上，人们需要一定的收入来满足食物、居住方面的需求，以防止遭遇生活上的困境，但当你的收入达到这一基本水平，足以给你金钱上的保障，那么赚更多钱对你过上更美好的日子并没有什么帮助。

人们通常会觉得富有国家的居民更加快乐，但关于日常幸福的研究颠覆了这一认知。过去，科学家们在研究生活满意度时，

你充满电了吗

国民幸福度排名总是和国家富有度排名保持一致。但是，盖洛普咨询公司针对138个国家的居民的日常体验进行调查后，却得出了完全不一样的结论。在"积极体验"这一项上，得分最高的国家是巴拉圭，而这个国家的富有程度仅位列第105名（排名依据为人均国民生产总值）。在这项日常幸福指标上排名前五的国家里，有4个国家在富有度排名上位列后半段。

这个研究给我带来了信心，因为它意味着日常幸福并不取决于你累积的财富，与你是否生活在一个富裕的国家也没有必然联系。随着我越来越清楚长期评估和日常体验之间的区别，我越来越察觉到后者的重要性。就我个人而言，我更在意的是今天的欢笑、享受，与妻子、孩子们在一起的时光，而不是从今天开始，往后10年里的不确定的整体生活满意度。与提高人们整体的生活满意度相比，帮助人们提高每一天的生活体验更切实际。

我们的整体生活满意度当然是重要的，但是产生有意义的变化只需要几天，而不是几年，甚至几十年。如果你集中精力，立刻采取行动，那么提升你以及他人的幸福感就会变得容易得多。从今天开始采取有意义的小行动，这就是获得变化的最佳方式。这些小小的变化最终将累积产生重大的长期效果。

电量满格的三大要素

为了找到让电量满格的方法，我和我的团队查阅了不计其数的文章和学术研究论文，并且采访了一些全球知名的科学家。[①] 我们发现并归类出2600多个改善日常体验的方法。我们继续筛选这些办法，寻找最有效、最切实际的策略。在这个过程中，潜在的范例不断浮出水面。我们发现了把电量满格的日子和寻常日子区分开来的三大要素：

意义：做有益于他人的事

互动：创造更正面而不是负面的时刻

能量：做能够改善你的精神和身体健康的选择

我们调查了一万多人，想看看他们在这三方面的表现如何。我们发现大多数人终日都在苦苦挣扎。例如，当我们要求他们回想前一天的状况时，只有11%的人表示他们精力充沛。显然，大多数人并没有完全发挥他们的能力。

---

① 查阅本书中提及的对知名科学家的采访，或是附录中所有参考资料的直接链接，请访问http://www.tomrath.org。

　　因此，他们的工作效率低下，和朋友及家人的互动也远没有达到最佳水平。此外，由于压力一天天地累积，而且每日活动量不足，他们的身体状况越来越差。是时候改变这种情况了。

　　好消息是，你不必躲到丛林里去寻找意义，不必去鸡尾酒会结交新的朋友来获得更好的互动，当然也不需要跑一场马拉松，或是赶时髦进行节食来维持体力。对于你的日常幸福，最大的改变始于一些小小的步骤。

目　录

3 能量

2 互动

1 意义

昨天，**20%** 的人花了很多时间做有意义的工作

1

通过微小的成功创造意义

今天，你要做什么有意义的事？

我从十几岁就开始思考这个问题，很认真地思考。这并不是因为我早熟，或是受到了什么启发，而是缘于我在16岁时就被诊断出癌症。一个大肿瘤导致了我左眼失明。医生怀疑我得了罕见的遗传疾病，血液检测结果证实我的肿瘤抑制基因发生了突变，因而导致癌细胞在我全身各处扩散。在基因这件事上，我没有得到幸运女神的垂青。

医生告诉我，在我的余生里，我每年都需要在医院待上一个星期，进行各种扫描和检测，以便医生追踪癌细胞的踪迹——它们目前存在于我的眼睛、肾脏、胰腺、肾上腺和脊柱，并实施手术或者进行必要的化学疗法。如果情况一切正常（大多数时候确实如此），我在这一周结束治疗，离开医院时，便又为自己的人生争取到了全新的12个月。

你充满电了吗

每年，又一段生命的延续都让我充满了能量，努力让每一天都过得有意义。回想我刚获知诊断结果时，我觉得最棒的地方是这种病对我享受日常生活的欢愉几乎没有任何负面影响。如果有的话，就是这个永久的威胁让我更加在意每一天里的小事。

现在离确诊已经过去23年了。在我继续生活在这似乎是借来的时间之中的同时，我把大多数时间花在"延续"我的生命上。从做研究、写作到拓展人际网络、陪孩子们玩耍，我把我花费的这些时间视作对未来的投资，在我将来离开后，它们仍可以绵延生长。我努力在每一天里都创造一些小小的意义，让自己无暇去思考不可控的基因问题。在这个过程中，我对生活有了更多的认识，而不是将时间花在思考死亡上。事实上，没有人知道自己的生命还能持续几天、几年或是几十年。

基于研究和个人经历的体悟，我发现创造意义不仅仅是我人生的中心所在，对于现今社会的各种组织，情况莫不如此。公司、学校、政府、家庭和各种信仰团体都受到了前所未有的挑战，需要证明它们对社会有所贡献。现今，人们对工作的最本质的要求是能够为他人创造意义。我的研究表明：如果你把一天里的大多数时间都花在做有意义的工作上，那么你全身心投入工作的概率将增加250%以上。

第 1 章
通过微小的成功创造意义

为了找到获得更高质量的工作和生活的方法，哈佛商学院的特里莎·阿玛拜尔和心理学家史蒂文·克拉默整理分析了来自七家公司的238名员工的12 000条日志条目和64 000项具体工作事宜。他们的研究结论如下："到目前为止，能促使人们投入工作的举措里，最重要的一项是在有意义的工作上取得进展。"这项研究还显示创造意义是一个每日渐次递进的过程，而不应指望重大的目标一蹴而就。

"微小的成功"会产生有意义的进步。今天，你可能为某位客人提供了折扣，或者努力开发一样将来可能让人们受益的新产品；周末时间里，你可能和你爱的人进行了一次有意义的倾心长谈。创造实质性意义的正是这些琐碎的时光，而不是什么重大的行动。

放弃追求幸福

追求意义而不是幸福，这样才能让你的生活有价值。尽管托马斯·杰斐逊将追求幸福写进了《独立宣言》，但"追求幸福"是一个短浅的目标。将个人福祉置于善举之上，你将被拖往错误的方向。

当然，幸福是一个正面的状态。幸福度较高的人总是更能让身边的人感到愉悦，但一味地追求个人的幸福则会令人误入歧途。为了你所爱的人或是你身边的人而追求幸福，这是值得努力的目标。但是，近期的研究表明，竭力为自己创造幸福则有可能产生相反的效果。

科学家们还在研究为什么追求幸福反而会适得其反。有一个观点认为，这个现象与自我关注属性相关。研究表明，当一个人越看重自己的个人幸福时，他在日常生活中就越容易感到孤独。一些实验让参与者阅读虚构的、夸大幸福的好处的文章，故意引导他们更加看重幸福，结果参与者们表示感到孤独。他们的唾液样本显示相应的黄体酮水平降低（与孤独相关的一种荷尔蒙反应）。仅仅追求个人的幸福会导致你产生无力感。但是，如果你在创造有意义的互动和追求幸福上投入相等的时间，那么你在这两方面都会渐入佳境。

沉浸于生活深处

幸福和富有意义是人类的两种显著状态。尽管两者有重叠的地方，但它们的明显区别表现在人们如何花费自己的时间。

例如，追求幸福的人，被心理学家称为"接受者"。罗伊·鲍迈斯特和他的团队深入研究这个主题后指出："没有意义的幸福代表了一种相对肤浅、利己甚至自私的生活。"相反地，他的合著者凯思琳·沃斯解释道："过着有意义的生活的人们，他们从给予中获得了很多快乐。"

鲍迈斯特指出，将人类和动物区分开来的正是追求意义，而不是追求幸福。有时候，创造意义意味着将他人的需要摆在自己的需要之前，而这会导致你短期内的幸福感降低。但是，当你这么做的时候，你成功改善了你周围的环境。

幸福和富有意义似乎对生理健康也有显著的影响。在芭芭拉·弗雷德里克松的一项研究中，当参与者过着幸福但是缺乏意义的生活时（判断标准为追求高于自我的目标），他们将表现出一种和压力有关的基因模式，这种模式会激发炎症反应。这种基因表达模式和人们面对逆境时的基因表达模式相同。长此以往，这种模式将导致慢性炎症的发生，而慢性炎症和心脏疾病、癌症等诸多疾病有关。弗雷德里克松指出，"空虚的正面情绪……对你的影响几乎和逆境相同"。

不幸的是，在弗雷德里克松的研究中，75%的参与者属于这一类型。他们的幸福水平超过意义水平。相反，过着有意义的生活的参与者们，不论他们是否认为自己是幸福的，他们都表现出了对上述与压力有关的基因表达模式的排斥。换句话说，他们的身体没有出现长期处于威胁下的反应。

　　参与有意义的活动能够提升你的思想，使其上升到高于自己以及自己当下需求的高度。不论多长时间，只要你为了他人，将自己的幸福抛诸脑后，这些行为最终都将导致你的家庭、你所处的组织和社区变得愈发强大。最后，对幸福和"成功"的追求将消逝不见，余下的是为自己和他人的生活创造意义。

2

追求生命、自由和意义

　　长久以来，追求意义都被描绘成一段个人的旅程——你在不倦的探寻中发现的事物，或是在需要的时刻内心的召唤。在生活中寻找一个更为高尚的目标，这被视作终极生存和哲学目标。维克多·弗兰克1946年出版的重要作品《活出生命的意义》影响了人们对意义的研究。这本书记录了他在纳粹集中营中的经历，描述了在人类最艰难的环境中，弗兰克和其他人是如何通过寻找意义幸存下来的。当然，如此一针见血的总结肯定是经受了悲惨的折磨才能得出的，对吗？

　　事实是，弗兰克有关意义的发现在他被关进集中营前就开始了。他那时还是个医学院学生，试图寻找防止抑郁青少年自杀的办法。弗兰克发明了一种治疗方法，将其称为"意义疗法"。这个方法的基本原理是帮助人们找到切合实际的目标，以及能够创造"具体的个体意义"的步骤。用弗兰克的话来说，"幸福不是追求来的，它是被引发的。一个人的'幸福'肯定是有原因的"。他就是用这种方法帮助了集中营中的囚犯。

现今的研究人员设计了各种实验，用以仔细检验弗兰克关于年轻人如何寻找意义的初始理论。在2014年的一项研究中，研究人员追踪了一组青少年一整年时间，通过功能性磁共振成像和问卷调查，研究他们的大脑对满足自我的（快乐）行为和创造意义的（实现）行为的反应。研究人员给身处功能性磁共振扫描仪中的参与者提供不同的情景：把钱留给自己或是送给自己的家人。研究人员在一年期满时，还检查了这些青少年抑郁症状的基准线是否发生了变化。

研究结果显示，对有意义行为反应最强烈的青少年，他们在整个研究期间的抑郁症状减轻幅度最大。相反，做出较多自我满足决定的青少年，他们的抑郁症状加剧的概率变得更高。从本质上来说，有意义的活动能够保护大脑不受负面思想的困扰。正如弗兰克在其职业生涯早期所发现的，人们对有意义工作的需求从青少年时期就开始了。

第 2 章
追求生命、自由和意义

从内在获得电量

驱动人们进行有意义工作的是内在动机而非外在动机。外在动机是指你为了获得某种回报而去做某件事。你可能为了更高的薪水和福利而接受一个新的工作。然后，为了完成其他人设定的某个目标，你每周工作60个小时。毕竟，若干年后，当有人出于世俗标准阅读你的简历时，这将会是一笔不错的回报。

内在动机（或者深层内部动机）的内涵则更为丰富。试想一下，一名教师因为学生的成长而受到鼓舞，或是一名医生因为病人的健康状况好转而受到激励。内在动机来源于你的工作所蕴含的意义。它令你渴望去做某件事，即使无法获得回报或报酬。

近期有研究人员认为只关注内在动机是更为正确的做法，因为源自外部刺激的任何动机都有可能导致表现变差。耶鲁大学的艾米·瑞兹尼沃斯基及其团队用了14年时间，追踪了11 320名西点军校学员，评估他们进入西点军校的动机。研究人员得出了一个令人吃惊的结论：和出于外在动机进入西点军校的学员们相比，出于内在动机的学员们更容易毕业，成为军官，受到提拔，以及留在部队。但是，进入军校的内在动机（例如

你充满电了吗

渴望成为领导者）和外在动力（例如获得更好的工作和更高的收入）同样强烈的学员们，并没有表现出相同的成功概率。

和研究人员最初预测的不同的是，在所有的衡量办法中，与单一的内在动机相比，拥有两个强烈的动机反而会产生较差的结果。这样的结果令研究人员们开始思考，部队是否应该更多地强调领导团队、服务国家，而不是入学或是职业培训能够带来的金钱效益。研究人员也对其他行业中的这种普遍逻辑产生了怀疑，例如通过高分奖金鼓励教师的这一惯例做法。

"帮助人们将注意力集中在他们工作的意义和影响上，而不是工作所能带来的金钱回报上，尽管从直觉上看不太可能，但也许这是改善人们工作质量以及取得财务成功的最好办法。"瑞兹尼沃斯基和她的合著者巴里·施瓦茨如是认为。这个结论非常重要，因为人们很容易因为外在刺激（例如工作上的金钱回报）的影响，而削弱了对服务他人这一富含意义的行为的关注。

培养和发展内在动机通常需要人们有意识的努力。这是人们需要面对的一个挑战。为了研究这个课题，研究人员对不同的创意写手小组进行了随机调查。他们在调查中隐晦地给予被调查对象不同的写作动机的暗示，即内在动机或是外在动机。当写手事先考虑到内在原因时，经评定，他们的后续工作更有创意。相反，即使写手们只花了 5 分钟思考他们工作的外在动机，效果往往也适得其反。

想想你的工作的意义。传统的大棒加胡萝卜政策虽然在开始时相当奏效，但无法长期维持。相反，你应该寻找一些简单的办法，让你最佳的内部激励因素在全天时间里持续占领思绪的最高地。

对于我来说，手机屏保上和桌面上孩子们的照片就能很好地提醒并激励我。我在出版界的一个朋友，他的动力来自每周的销售报告上显示的他所策划图书的读者数量。詹姆斯·艾伦是伦敦火车站的工作人员，他努力让最难搞的乘客微笑，以此激励自己。能让你从内部获得能量的事情很可能与其他人能够获得能量的事情截然不同。内在动机不是通用的，每个人的都不尽相同。

试着寻找除了工作外能够吸引你的内在动机的活动。有项研究发现，被鼓励参加与工作无关的创意活动（例如创意写作或者其他艺术活动）的员工，他们之后的工作表现会变得更好。埃克塞特大学的研究人员发现，仅仅是用盆栽、艺术品或是你所爱的人的照片装饰你的办公桌，就能让你的生产力增加 32%。这就是为什么包括谷歌在内的新型互联网公司会鼓励他们的员工将办公场所布置得像家一样，即使在旁人看来完全是在胡闹。

在当下创造意义

意义不会自己找上门，而需要你去创造。建立美好事业和生活的一个重要因素就是让你每天所做的事成为一个更宏大任务的一部分。在你明白自己的努力对于这个世界的意义前，你每天仅仅是在敷衍了事而已。

在工作中创造意义并不需要你制订一个如何改变世界的大计划。它应该是一个更切实际的，和你最在乎的人相关的计划。首先，问问自己，你现在的工作或是扮演的角色为什么存在。大多数情况下，工作的存在是因为它们能帮助其他人，让某个流程更有效率，或是能够产出人们需要的东西。

往杂货店的货架上摆放商品，你帮助顾客节约了时间，使得他们能够早些回家和家人一起享用营养美味的饭菜。在客服中心或是电话中心工作的人，大多有机会安慰他人，解决问题，让其他人的一天过得更加美好。如果你的工作是应用程序或软件开发，你的产品将为人们提供极大的用途，节约人们的时间，提供娱乐功能，或是帮助人们相互联络。如果你真的去思考，

第 2 章
追求生命、自由和意义

要找出大多数工作有意义的一面并不是多么困难的事。

如果你确认了自己的努力能够为他人带来更好的生活,那么想一想怎样才能为你服务的人群提供更好的服务。你只需要想想你作为消费者时和客服人员的各种互动。当一名客服代表以恶劣的态度对待你和你的请求时,你一整天的心情和计划都有可能受到影响。相反,如果客服人员以热情、理解的态度解决了你的问题,你能获得正向能量,从而使一段糟糕的经历变得美好。

这就是你和朋友、家人、同事以及客户的互动所带来的一种常见的影响。但是,要确定如何才能让你每一天的互动为周围环境提供充足能量,你得付出努力。首先,赋予微小的交流以意义。长此以往,你就能将你的努力和一个更大的目标建立稳固联系。

我询问过的人当中,大多数人都有机会在自己的时间里追求有意义的事。但是,当我问到他们每一天的工作的意义时,他们很难给出答案。我觉得这很令人担忧,因为对于大多数人来说,他们在绝大部分的清醒时间里,扮演的是全职工人、学生、家长或是志愿者的角色。

3

让工作成为目标而不是场所

在研究某个医院系统中清洁人员的日常工作时，人们对同一份工作截然不同的看法令艾米·瑞兹尼沃斯基吃惊不已。一些工人将他们的工作视作薪水支票，用来购买餐桌上的食物，支付开销，而另一些人，认为他们的工作是一种真正的需要。

瑞兹尼沃斯基和她的同事进行了进一步的挖掘，发现这种认知差异的产生与他们上的是白班或是晚班，他们所处的工作部门，以及他们的工作年限都没有关系。造成这种差异的原因在于员工们是否摆脱了这项工作的书面描述，真正投入到和病人以及访客间有意义的互动和关系中去。做到了这一点的员工，这项工作在他们眼中的意义更加重大。某位员工对瑞兹尼沃斯基这样解释道："我竭尽全力帮助病人们康复。我工作的一部分是为他们的康复创造干净、无菌的环境，但我的工作也可以扩展到我所能做到的、能够帮助他们康复的任何事情。"当这些员工被视作整个医疗团队的一部分时，他们的工作和身份就完全不同了。

你每天所做的工作就是你为这个世界所带来的不同。你的大多数时间可能都花在了所谓的工作、职业或是需求上。让这些时间变得有意义，这点很重要。如果你能找到对的工作，那么你的每一天都能创造出意义，而不用拼命把最重要的事挤入你的每一天中。

工作不应该仅仅是达成某个目的的一种必要手段。但是，某本字典将"工作"列为"苦差事"和"劳役"的同义词。当我询问人们他们的工作期望时，常得到的一个回答是"我活着不是为了工作。我工作是为了活着"。这种想法蕴含了一个假设，即人们工作主要是为了获得薪水而不是意义。

将工作等同于金钱交易，这在一个世纪前可能是正确的，但是对于现今的雇员来说，这种描述不足以概括他们所追求的东西。这种交易关系也与现代经济中雇主对雇员的要求相悖。雇主最不愿意见到的就是雇员们到点打卡，没有竭尽全力完成公司交付的任务。

雇员和雇主之间最基本的关系终于开始改变。在我年轻的时候，我发现周围大多数成年人努力工作的主要目的是薪水。他们为了尽快向上爬，或是为了提早退休，不遗余力地工作。这些努力通常来源于正面的目标或是强烈的职业道德。但是，这种动力对于个人来说并不持久，对于生产力来说也不是最佳的选择。

工作并不仅仅是为了生活

将人们集中成一个团体、部落或是组织，这个概念的产生是基于一个基本前提，即人类能够共同完成的事情多于单独完成的。数百年前，人们为了分享食物和居住地，以及保护家人安全而聚集到一起。基本的设想是加入一个团体能够使个人及其所爱的人受益。作为一个物种，人类聚在一起比分开好。就是这么简单。

正因为如此，我对盖洛普公司针对这一主题的研究结果感到吃惊。当美国各地的工作者被问及他们的生活是否因为他们所工作的组织而变得更好时，仅有12%的人表示他们的生活得到了显著的改善。大多数雇员觉得他们的公司妨碍了他们的整体健康和幸福。

个体和组织之间的关系为什么会发展到如此糟糕的地步？这种变化的其中一个刺激因素是工业革命。那时候，人们几乎成为大机器和组装线上的螺丝钉。为了一份固定的时薪，工人们每天在固定的工作时间里，完成固定的任务。这带来了自动化、创新和生产力的大幅提升，也引发了一些意料之外的副作用，并持续影响到今时今日。

这类交易关系使得公司可以最大程度地榨取员工的价值，因为他们知道他们可以随时雇佣到生产线上的任何一名员工。从组织的层次结构到薪资结构，所有的一切都在传递着一个简单的信息：你随时可以被替代。古典经济学随处可见。没有人关心人们的生活是否因为成为某个组织的一员而变得更好。

我在20世纪90年代开始工作。我对工作没有什么特别的期待。一家公司给你提供一份工作，一项具体的工作职责。如果你完成了你的任务，那么你将获得一份薪水。有些工作也会提供一些福利，例如医保、退休金，或者其他能够留住员工的福利。一些公司甚至会关心员工们是否对工作感到满意。不过，在过去的25年里，这种满意度逐年下降。

不仅仅为了敬业

在21世纪初前后，一些公司开始关心他们的员工是否从情感上投入（而不仅仅是满意于）他们的日常工作。这种思考带来了巨大的转变。高管和部门经理终于将注意力从员工们是否来上班了转移到他们是否为了公司"自主努力"地工作。

雇主们现在很懂得判断你在工作的时候是否投入。他们知道要从你身上获得什么。但是，大多数情况下，你并不知道该怎么做，甚至不知道你的生活是否因为成为这个公司的一员而得到改善。

想让个人和组织之间的基本契约顺利履行，我们必须改变这种关系。实际上，对个人有益的事项也是组织最感兴趣的事项。韬睿惠悦分析了全球50家公司，发现在传统的敬业度衡量中得分较低的公司，它们的平均营业毛利是10%，而员工敬业度得分较高的公司，它们的平均营业毛利达到14%。拥有"持续敬业度"的公司，即员工个人幸福感也得到提高的公司，它们的平均营业毛利超过27%。

这项分析认为即使你以个人收入为出发点看待事物，你的个人幸福感也和你的工作敬业度一样重要。如果你能量满满地去工作，你的敬业度将得到提高，从而使得你和同事、顾客间的互动变得更好。这对你的同事、你服务的人群以及公司的长远利益都有好处。

你充满电了吗

雇员和组织机构之间要建立健康的关系，首先要有共同的任务、意义或者目的。2013年的一项研究分析了来自全球范围内的12 000名工作者。研究发现，在工作中找到意义，明白工作重要性的员工，他们的留职意愿是其他员工的三倍或者更高。作家托尼·施瓦茨在一项有关工作场所重要元素的研究中，描述了"为什么"这个元素是"所有元素中最具影响力的单一元素"。有意义的工作和1.7倍的整体工作满意度存在密切的关联。

工作的未来在于将其定义为每天完成一件有意义的事。工作是目标，不是场所。工作是为了有效地运用你的才智。工作是为了让你的生活以及其他人的生活在你的努力下变得更好。但是，要达到这个目标，首先要做的是不能让工资条拖了我们的后腿。

4

寻找比金钱更高的使命

为了金钱而工作相当于现代社会的一种新型贿赂方式。如果有人付钱给你，让你按他的要求去做某件事，而你真正想做的是另一件事，那么这就不是理想的情况。阻力最小的做法是将金钱报酬视作个人和组织关系的核心要素，但是这将导致双方最终都不可避免地走向失败。

大量的研究已经证明了非金钱诱因（比如认同、关注、尊重和责任）比金钱诱因更有效。用年收入衡量自己身份的人很难在工作中找到满足感。总有人的房子比你大，车子比你好。这种比赛，你永远赢不了。金钱和权力能有更大的用处，也能将你困在其中。

对于我来说，正确地看待金钱诱因是我一直要面对的挑战。每个月，我都要在大量的机会中进行筛选，选择和不同的团队一起工作，或是加入某个具体的项目。如果仅仅出于经济考量，那么做选择就简单多了。然而，尽管金钱在某种程度上来说确实重要，但它不应该是决定时间和精力分配的主要因素。现在，我首先问自己的是"你的时间可以为其他人带来什么"，而不是依据古典经济学优先分配我的时间。

我发现在这个问题的指导下，而不是苦苦思索金钱上的得失，我通常能够做出更好的选择。当我回想我的职业生涯中值得骄傲的事情时，首先出现在脑海中的是我在2001年参加的一个名为寻找优势（Strengths Quest）的项目。我的任务是和盖洛普公司的一个小团队合作，完成一本书和一个在线课程，用来帮助大一新生们根据他们的天赋规划大学生活。

10多年后，超过200万学生完成了这个课程，为更好地在工作中运用他们的才能做好了准备。在我个人的非正式的意义权衡中，我更看重这样的工作，因为它在学生们人生的关键时段，向他们伸出了援手。尽管作为项目经理，我在幕后工作，并且很难看到项目对学生们的直接影响，但是我从中得出的意义却一直影响着我如今的决定。

避免攀比

我们通常会觉得，如果收入翻倍，那么我们的幸福感将会

第4章
寻找比金钱更高的使命

达到一个完全不同的层次。一项在全美范围内进行取样调查的研究发现，美国人认为如果他们的年收入从 25 000 美元增加到 55 000 美元，那么他们的整体生活满意度将增加一倍。研究人员调查了收入突然翻倍后带来的生活满意度的实际变化，发现幸福度确实提高了——提高了 9%。9% 当然比没有提高好，但是，正如其中一名作者所说的，"当你期望的是 100% 的提高时，这样的结果还是令人失望"。

我们必须承认经济保障对幸福感至关重要。日以继夜地担忧是否有足够的金钱支付日常必需品或是账单，这将给我们带来压力、恐惧和不安全感。然而，当你的经济能力达到一定水平后，从你的日常幸福感考量，赚更多的钱就变得没那么重要了。达到较高的收入水平后，年收入的增加就起不到什么作用了。

即使在收入水平的顶端，还是有很多百万富翁觉得和某些同伴相比，自己"不够富有"。在英国进行的一项研究发现，满意度和收入几乎完全取决于你的比较对象。其中一名研究人员总结道："如果你知道你的朋友们每年赚两百万英镑，那么一百万英镑的年收入就无法令你感到高兴了。"我们要做的就是找到避免这种攀比的方法。

根据金钱判断你的职业生涯成功与否，很容易令你误入歧途。

想想你认识的人中，那些数十年不知疲倦地做着自己并不喜欢的工作的人。在不被人了解的人另一面，这些看似"成功"的人中，很多人过着糟糕的生活。这是因为他们没能正确地看待问题，他们工作是为了工资而不是意义。诺贝尔奖得主、心理学家丹尼尔·卡尼曼和他的通讯作者们发现财富会导致人们花费在喜欢的事情上的时间变少，而花费在会带来压力的事情上的时间变多。

除非你的终极目标是带着比别人多的钱进坟墓，否则你必须更深入地评估一下你的职业的健康度。问问你自己一些基本的问题：你的各种人际关系是否因为你的工作变得更加牢固？你的身体是否因为你成为某个公司的一员而变得更加健康？你是否因为现在每天的工作而为社会做出了更大的贡献？

别让金钱扼杀了意义

只考虑金钱会导致你将个人利益放在集体利益之前。即便你有着最佳的打算，一旦你获得收入的前提是胜过你的同事（对方的动机大概也是如此），那么个人的诱因将把你和你的同事们对立起来。如果任其发展，金钱动机可能会腐蚀你的幸福感和人际关系，并减少你对社会的贡献。

26

第 4 章
寻找比金钱更高的使命

明尼苏达大学的一项研究发现，当参与者收到金钱回报的提示时，他们选择单打独斗而不是合作的意愿将提高三倍。这项研究还显示，在一个社交场合中，仅仅想到金钱就令人们将相互间的椅子距离拉远了30厘米左右。当金钱的念头出现在参与者的脑中时，他们拉开了和他人之间的物理距离，把自己孤立起来。这就是为什么团体奖励的效果更好，因为它能够加强凝聚力，减少分化。

你越能够将精力集中在他人身上，就越能够在不借助金钱、权力或者名声的激励的情况下，更好地完成工作。有钱的人通常更容易赚到钱，而名声转瞬即逝。偶尔，你会获得大额的奖金或是重要的认同，但大多数日子是由一点点的进步组成的，并不会有额外的回报。这就是为什么我们必须在日常工作中找到意义和目标。

如果可能的话，在对集体有益的事情中寻找你的动力。以团体表现为基础的奖励因素已被证明比个人奖励更能激发创新。不要再将眼光局限在你的个人表现上，而应该去寻找提高你所在的团队表现的办法。然后，将你的能量用在帮助你的团队取得成功上。和其他人一起为了相同的目标努力，这能为你每天的工作增加正能量。

5

问问世界需要什么

罗恩·芬利的时尚事业毁于2008年的经济大衰退，但是芬利找到了另一种发挥他创意天赋的方式。芬利住在康普顿区，当他驾车在家附近的街道转悠时，发现附近居民的生活非常不健康。洛杉矶南区各种快餐店林立，透析中心随处可见，但唯独见不到花园，新鲜蔬菜和水果的数量也有限。

针对这种需求，芬利调整了他创意力量的专注方向。他在废弃的空地上、家门口以及马路的绿化带上种植水果和蔬菜。在芬利家附近的人行道和街道中间，你现在能看到大量的绿色，中间点缀着不同的色彩。你能看到向日葵、香蕉树、黑莓、覆盆子、石榴树、苹果树、李树、无花果树、杏树、南瓜、柠檬草、迷迭香以及其他树木。

"这是艺术，"他说道，"你可以运用这种艺术打造你的社区。你可以找回健康，建立长久的人际关系，因为你可以出售食物。"

他想让人们看到，任何人都可以种出自己的食物，并同时让美环绕着自己。

当你的能量和兴趣满足了世界的需求，你就创造了意义。了解自己的天赋和热忱所在，这一点非常重要，但这只是这个供需方程式的一边，更重要的是要了解这个世界需要你做什么，以及你该如何有效地发挥你的能量，激发你的兴趣。

首先，我们要关注其他人的需求，确保你感兴趣的事情有实际的用途。通过工作完成有意义的事，这就像一家公司设计新产品一样，需要经过分析。正如一家公司不会投资几百万去开发一件大多数顾客不需要的产品，你也不希望花费大量的时间，将你的精力或兴趣投入到你的公司或者你的社区不感兴趣的事上。

对于"听从你的内心"这类建议，其中一个合理的评论认为这类建议的前提是你是这个世界的中心，追求你自己的快乐是人生的目标。与此相反，那些能带来重大改变的人，他们首先问的是自己能给予什么。从这个问题问起，你就能将你的才能直接用到对他人来说最重要的事情上。

暂时停下匆忙的脚步，想想你的社交圈子，你所在的组织或社区最迫切需要的是什么。寻找需要花费时间、给予关注的

问问世界需要什么

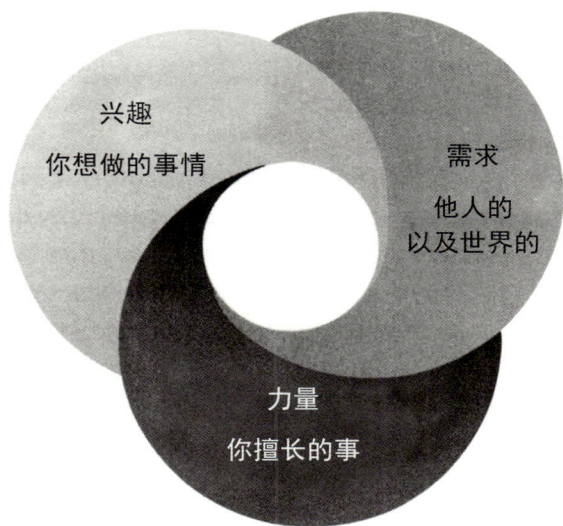

具体问题。想想你周围的人们最需要什么，然后找到这些需求和你的力量以及兴趣重合的地方。

也许某家公司需要一名有能力的平面设计师，某个孩子需要一名良师，或是某个社团需要有筹款经验的人。找到合适的方式，用你独特的才能、背景、专业知识、梦想和渴望去满足这些大大小小的需求。你有什么独特的目标让你和他人不一样？你的什么信仰让你愿意为了实现它而牺牲短期的幸福？

对你的天赋加倍投注

　　总有一件事，你会做得比这世上任何一个人都好。和你独一无二的DNA一样，你也拥有独一无二的天赋。也许你已经发现了，有的人天生擅长安慰他人，有的人具有与生俱来的好奇心，总是不断地学习，还有的人有做销售的才能，非常有说服力。这些差异与性别、种族、年龄或是国籍相比，会带来更大的多样性。这种天赋上的多样性正是我们区别于其他人的地方。

　　然而，这个社会不断地告诉我们，只要你够努力，你所希望的都能实现。这种古老的、雄心勃勃的理论带来的害处比益处大得多。尽管人能够克服多样性，并且具有很强的可塑性，但是人最大的成长和发展潜力存在于自己天生擅长的领域。你花越多时间在你擅长的事情上，你就会成长得越快。

　　这就是我从我已故的导师，也就是我的外祖父唐·克利夫顿那里学到的重要一课。他的一生都致力于研究人的优势。人应该努力发掘真正的自己，而不是追求成为你想成为的某一种人。从你的天赋出发，然后投入时间练习，习得技能，增长知识，从而获得丰厚的回报。

　　盖洛普咨询公司的研究表明，当你运用你的优势时，你每周高质量的工作时间可以从20小时提高到40小时。该研究还表明，每天都将精力集中在自己擅长的事情上的人，他们的工作投入度是其他人的6倍，拥有高水平的整体生活满意度的概率是其他人的3倍或是更高。

如果你把人生的大多数时间都花在努力做好所有事上，那么你就扼杀了将某件事做到出色的机会。除非你人生追求的是平庸地完成很多事，否则从你擅长的事上入手是个很有效率的选择。很多时候，将力量集中到你的优势上，这是个基本的时间分配问题。你在自己擅长领域投入的每一个小时，都将产生翻倍的成果，而你用于修补自己劣势的每一个小时，就像是用来和地心引力作对。然而，很多人却花费了数年，甚至数十年在他们并不擅长的工作上，希望这样就能让自己成为一个全能的人。

尽你最大的努力避免陷入这个陷阱。尽管面面俱到能帮助你习得很多事情的基本手法，例如读、写和算术，但是当你开始步入职场，全能就失去了它的价值。在那个时候，更重要、迫在眉睫的是找到让你与众不同的东西。如果你希望自己的人生能够精通某件事，那么将你的时间和精力加倍投入在你擅长的事情上吧。

今天就行动起来

在我的整个职业生涯中，我都低估了对日常工作的兴趣的重要性。直到几年前，我阅读的很多有关初级职位招聘的研究中，仍有很大一部分还是没有发现工作申请者的个人兴趣和他们后来的工作表现之间的密切联系。但是，近来的研究和实验改变了我对这个问题的看法。

2012年的一项研究发现，当兴趣和具体的工作内容匹配时，工作表现、职场人际关系和留职率都会得到提升。杜克大学的一个团队在2014年发表了一系列实验的结果，也解释了为什么兴趣对成功至关重要。正如你可能认为的，当人们分配到的任务正是他们的兴趣所在时，他们会表现得更好。其中一名研究人员说道："这是因为个人感兴趣的活动会'创造一种鼓舞性的体验'，使人们能够坚持下去，否则的话，坚持通常会令人感觉筋疲力尽。"

但是，具体到每一天，我们到底应该花多少时间在能够为自己带来正能量或是对社会有长远贡献的事情上？研究人员让参与者记下他们每天所做的事，结果惊讶地发现人们花费在这两类追求意义、能够创造持续幸福感的事情上的时间非常少。

第5章
问问世界需要什么

事实上，你以后并不一定就有时间去完成最重要的事。几年前，出于我的健康原因和对这个问题的兴趣，我对这个想法进行了深入的研究。因此，我辞掉了一份职场咨询工作，以便把我所有的时间都用在研究和撰写如何改善健康的文章上。我那时觉得我必须做些什么，去帮助那些正和心脏疾病、癌症、糖尿病和肥胖症做斗争的朋友和可爱的人们。当我询问自己，我该怎样运用我的优势和兴趣为我关心的人做更多事时，我找到了一个全新的方向。

如果你今天没能完成任何有意义的事，那么今天就永远过去了。你可以试着在明天进行弥补，但大多数情况下，你做不到。你还没意识到这一点，今天就过去了，然后，几年就过去了。10年后，你回想过去，发现你错过了帮助他人成长的机会，错过了发展一个新兴趣的机会，或是错过了推出一种新产品的机会。但是，去做你感兴趣的事，这种机会一直都在，只要你从今天开始行动。

6

不要陷入默认陷阱

　　当人们觉得自己是在追求毕生愿望时，大多数情况下，他们追求的只是他们羡慕的某个人的梦想。想一想你身边有多少人，在他们职业生涯的某个阶段，追随的是他们的兄弟姐妹、父母或是导师的脚步。如果你想一想很多人是在各种角色榜样的环绕下成长的，那么这种将抱负从一代传递到下一代的现象也就不难理解了。

　　我大学里的很多朋友都会继续上法学院深造，主要是因为他们的家庭或是文化促使着他们往这个方向前行。其他朋友追求法律专业的研究生文凭主要是为了工资和保障。我的好朋友中，只有一个人上法学院是因为他在这个领域的非凡天赋和对这个领域的兴趣。十几二十年后，我知道的还在从事法律工作的，只有他一人。

　　加拿大的一项研究调查了 71 000 对父子。这项发表在《劳工经济学杂志》上的研究揭示了人们继承父亲职业选择的概率。这项有关男性年轻人职业选择的纵向研究从 1963 年开始，跨越了几十年。研究发现其中有 40% 的人，在他们的职业生涯的某个时段，为他们父亲服务过的同一个雇主工作。更令人吃惊的情况是，当父亲拥有高收入时，儿子中有 70% 的人去了和父亲相同的公司工作。我们必须注意的是，考虑到 20 世纪 60 年代的劳动力构成，这个大规模研究的研究对象仅限男性。但是，一些规模较小的研究认为，和父亲的职业选择相比，母亲的职业选择对女儿职业选择的直接影响更大。

自豪的父亲想要和自己的儿子或是女儿分享他们学到的东西，这是非常平常的事情，而且，追随父母的脚步，这肯定不是一件坏事。陪伴我们成长的人，我们会从他们身上学到很多东西，而兴趣和热情所在也常常会影响我们。但是，这种情况给你添加了一个任务——确保你追求的是自己的梦想。

投下自己的影子，而不是活在阴影里

我和我五岁的女儿以及三岁的儿子在傍晚出去散步时，我们常常用自己在落日下的影子玩游戏。如果孩子们走到我的大

第 6 章

不要陷入默认陷阱

影子里,他们的影子就消失了。如果我儿子走到他姐姐的影子里,那么他就得走快些才能保住自己的影子。孩子们最喜欢的就是在路上投下他们完整的身影,而这个影子会随着太阳的西沉逐渐变大。

当我们这样开心地玩闹时,我不由得思考这个画面代表着什么。对于我来说,它暗示着人类对于刻画自己形象的基本需求。作为一名家长,我要避免以这样的方式对待我的孩子们,尽管它有着很大的诱惑力,也很易于付诸实施。我必须避免用社会或者自己的期望构建的盒子困住他们。我的责任是帮助孩子们按照他们本来的样子成长。

我在孩子们很小的时候,就发现了他们独特天赋的蛛丝马迹。我三岁的儿子非常善于观察,好奇心很重。如果只是告诉他要去做某件事,因为"规矩就是这样的",那么通常会得到他一句挑衅的"不要"。相反,他是在观察"为什么"中学到东西的。他五岁的姐姐则不同。她很有条理,喜欢把自己学到的东西教给别人。此外,她的记性非常好,也很擅长和他人建立情感纽带。

孩子们在不断成长,我相信不管大的还是小的压力都会将他们导向不同的方向。我已经忍不住开始想象我的女儿像她妈妈一样,变成优秀的老师,或是成为聪明又有爱心的医生。考虑到学校对科学、技术、教育以及数学的重视，我敢肯定，如果期望我的儿子和女儿在这些学科上取得优异表现，那么他们一定会感到很大的压力。然而，当他们进入职场后，能够拥有的最有价值的目标，应该是获得一份能提供正能量，并能创造意义的工作。

每个人都在各种各样的期望中长大。探索新的学科是找到你的兴趣或是热忱所在的最好方式之一。如果你喜欢你的父母、朋友或是导师向你推荐的事情，并且这件事是建立在你的天赋之上的，那么这就很有意义了。没有什么比和你喜欢的人一起做喜欢的事更棒的了。然而，我们很容易会走上一条"默认的职业道路"——更符合他人期望而不是自己内在动机所在的职业道路。

你可以住进的唯一阴影应该是自己的影子。你天生具有某些特质。在帮助你的人的影响下，你成长为现今的样子。想要正确对待别人在你身上的投资，你要面对的一个挑战就是按照你想要的方式生活。

将梦想雕琢进你的工作

每一天，你都让某些事情阻碍了你追求梦想的脚步，你失去了创造意义的机会。然而，很少有人能在一开始就找到他们的理想工作。因此，将你的梦想切割成一个个小步骤能给你带来很大的动力。

每一天，你需要花费一些时间在能够激励你、给你充电的活动上。这就是区别所在。只需要一点时间，就能让你的一天变得更高效、更充实。即使在最糟糕的情况里，你也能找到成长的机会。重要的是，要将你的注意力从别人做的那些会妨碍你的事情，或是你无法控制的工作状况上移开，并找到能够让你每天都取得进步的小事情。不管你工作的其他方面情况如何，你总能做一些事情振奋你的同事或是客人的精神。

即使你困在一个远算不上理想的工作中，你也有能力另外创造一点意义。每个月在你所在的社区做志愿工作是一个很好的办法，能让你的时间变得有意义。我的一些朋友告诉我，他们从几个小时的志愿工作中获得的满足感远胜于他们做其他事情的时候。志愿工作也是发现新的擅长领域和兴趣的好办法，它们以后可能发展成更重要的事。

密歇根大学的一个团队进行了一项新的研究，认为好工作是人们努力塑造的，而不是在招聘启事上找到的。该研究发现，你可以对你现在的工作进行雕琢，从而大大提高你工作的意义。为了有效地"雕琢工作"，你首先要看看自己每天花了多少时间在能够给你能量的具体任务上。你还需要观察你工作中的人际关系和你所知觉的自己的行为是怎样为他人创造意义的。如果你审视了这三个方面，你应该能在你目前的工作中建立部分梦想。

回想一下你的教育经历和职业生涯，找出那些给予过你正能量，令你废寝忘食的事情。仔细想想你那些时候具体在做什么，和什么人在一起。接着，看看你能不能把这些因素带到你现在的工作里，并想出一件你明天可以花更多时间愉快、自如地去做的事情。

此外，对于周围那些能够激励你工作的人，想想怎样才能花更多时间和他们相处，而那些不能激励你的人，则要想办法减少和他们相处的时间。如果你能远离那些不断带给你压力或是令你沮丧的人，那么你就能为其他人做更多事情。工作和其他社交网络一样：正面和负面情绪都传播得很快。

7

行动起来创造未来

在这个信息爆炸、充满噪声的年代，他人的要求传递到你这里，通常会花掉你一些时间进行回应，有时候甚至会花掉一整天时间。然而，大多数情况下，10年后，你最值得骄傲的事情肯定不是源自这种简单的回应。

将来重要的事情来源于你今天主动采取的行动。例如：与人攀谈，因此建立一段新的友谊；与同事分享一个想法，因此产生一种新产品或者服务；参与他人的成长，在多年后见证他的成功。如果你想为他人带去正能量，那么你在这方面的能力几乎和你能够花费在主动行动而不是回应上的时间成正比。

然而，对他人的要求做出回应要简单得多。快速计算一下你某一天花在回应（回邮件和电话等）上的时间，与你花在主动采取行动上的时间进行对比。在大多数情形下，用于回应的时间远多于主动采取行动的时间。当你在工作上遇到麻烦，或者觉得遇到瓶颈时，这便是最好的时机，将你的关注点转回到你有能力完成的事情上，以此改变当下的情形。

尽管有些人觉得他们的工作就是做出回应，但大多数情况下，事实并非如此。如果你的工作角色是直接服务顾客，回答他们简单的问题，你确实有可能把一整天的时间都花在回应上。这种情况对你、你所在的组织以及你的顾客都不是好事。但是，如果你针对不同个体进行个别化互动，预期他们将来的需要，或是向顾客提供他们要求之外的帮助，那么这就是主动采取行动了。

管理你线上和线下的交流，不要让它们主导你的生活。如果你不能做到的话，你将在不经意间把自己的大多数时间花费在回应他人的需求上，而不是创造可以长久的事情上。尽管你无法预知将来，但如果你每天都主动去采取一些行动，那么你就是在创造将来。

忙之前先想想目的

"忙碌中"通常不是指在做最重要的事。但是，当我询问朋友或同事最近过得怎么样，"我很忙"是最常见的回答。更糟的

行动起来创造未来

是，在十几年时间里，当我被问到过得怎么样时，"我很忙"也是我的标准答案。

和很多人一样，我掉入过陷阱，错把行动当成实际的进步。如果一只老鼠在一个轮子上连续奔跑12小时，它这一整天确实是"很忙"，但它哪里也没有去，什么事情也没完成。

同样地，在过去的很多日子里，我都混淆了忙碌和有意义的进步。我会得意于自己处理了200封邮件，或是坐着开了8小时的重要会议。大多时候，我同时做这两件事：回邮件的同时戴着耳机参加电话会议。

我开始察觉到大多数职场都存在的一种类似模式。雇员们觉得自己必须去看、去回应、去交谈，以显示自己的忙碌，仿佛如果他们一天不上班，宇宙就会破一个洞。他们觉得这样才能让其他人看到他们的工作有多努力，他们对组织有多重要。

你无法指责人们将忙碌和重要等同起来，因为这是社会期望的一部分。但是，努力变得忙碌带来的是一个管理不善的人生。如果你一整天都在忙碌，在不同的事情间穿梭，那么你可能没有把精力集中到建设性活动上。你也可能没有把自己全部的精力集中到最重要的事情上，不论是工作还是和家人相处。

相反，你得让自己的日程安排能够保障你有足够的时间去做自己想做的事，执行有意义的项目，和你在乎的人相处。我首先强制自己将"我很忙"的念头替换成"我必须更好地管理我的时间"。这种思想上的小把戏帮助我将事情按优先顺序排列好。不论你是否会尝试这种方法，或是采用别的方法，你要做的都是找到比"我很忙"更好的答案。埋头巧干而不是埋头苦干。

关注的越少，完成的越多

现今，保持联络是件非常简单的事。因此，去做一些实质性的事情就不那么简单了。例如，美国人每天平均花费8.5小时在屏幕前，接收的新信息超过惊人的63 000个单词。员工们坐在电脑前，间隔不到三分钟，就会被打断一次。

一项研究调查了15万智能手机用户，发现这些设备平均每天被解锁110次。在晚上的高峰期，被调查对象平均每小时要查看手机9次。从邮件短信到突发新闻提示、来电以及社交网络的更新，干扰成了新的默认设置。据估计，因为干扰，员工们每天平均损失28%的时间。只有五分之一的员工表示他们在工作日里能够一次专注做一件事。

总的来说，人们在给定的任意时段里，大约有一半的时间都在想与他们正在做的事无关的内容。哈佛大学的马特·克林斯沃斯和丹·吉尔伯特展开了一项非常细致的研究，发现研究对象47%的时间里都在走神。更令人烦恼的是，这不是愉快的走神，相反，它降低了他们的快乐度。

马特·克林斯沃斯和丹·吉尔伯特写道："人类的大脑是走神的大脑，而走神的大脑是不快乐的大脑。"在他们研究的所有活动（走路、吃饭、和同事交谈、购物以及看电视）进行期间，研究对象的大脑漫游天际的时间几乎超过30%。甚至是在你读书的时候，你的大脑都有可能在神游。

试图什么事都做一点最终将导致什么事都做不成。当你任由一天中的各种要求将你拉扯向20个不同的方向时，它们真的会这么做——让你不断地回应各种琐事，而没能完成重要的事。研究也证实了，在分心的情况下工作，你的绩效和完成水准会降低。大多时候，人类大脑只有在精神高度集中时才能更好地发挥功能。

对干扰说不，这不是件简单的事，但为了把精力集中到最重要的事上，这又是你必须做的事。偶尔，我能够完全切断与外界的联络，专心写作。这些日子是我人生中最宁静、最高产、最自由的日子。而且，说来也怪，世界还是一如往常地运转，没有因为缺少我而暂停一秒。

如果你能够消除占用你大量时间的某些干扰，那么你就可以花更多时间在能够激励你、带给你正能量的事上。这额外的大脑空闲期也能让你变得更有创意。首先，写下一件你今天要做的事情，你知道这件事是在浪费你的时间。改变你的模式，在这件事上少花一些时间。接着，列一份让你分心的事件清单，以后在这些事上少花一些时间。

下一次，当一个新的机会摆到你面前时，在你应承下来前，你要仔细想一想。如果你觉得这是你应该做的事情，那么想一想你可能要放弃的事情。当有两个选择摆在你面前，让你万分纠结时，别忘了，你还有第三个选择：什么都不做。在大多数情况下，两者都不选是最好的做法。

关闭巴甫洛夫的铃声

19世纪晚期，俄国生理学家伊万·巴甫洛夫发现狗在一定条件下，听到铃声便会开始分泌唾液。他训练狗将铃声和喂食联系起来。因此，狗一听到铃声，就在期望中流下口水。这个现象就是我们熟知的、经典的"条件反射"。你每次听到代表有新信息的提示音时，也会产生这样的反射。

每当你的电脑"嘀"的一声提示你有新邮件时，每当你的手机震动着告诉你有新消息时，或是你在屏幕上看到通知时，你都从这些刺激源中联想到"回报"，即有新的信息可以阅读。几十年前，信件是投递到实体邮箱的。那时候，你一天收一次信。这个系统是有规律的：每一天，在差不多相同的时间，你会收到一批信件，然后一次性将它们读完。现今，没完没了的各种通知已经成了巴甫洛夫铃声的电子版。

大多数的职位介绍不会将查看邮件和浏览社交网站列为日常工作职责的核心内容，但是，人们会在这些事上花费更多的工作时间，而不是将这些时间投资到更有产出的事情上。据一项研究估计，专业人士每天至少有一半的时间都在回复邮件，查看社交网络更新。

这项研究最令人不安的发现是人们对这些干扰他们工作的信息的容忍程度。几乎四分之一的员工常常无所事事地盯着他们的收件箱，一有信息进来，马上阅读。另有43%的员工承认他们查看信息的次数过多。只有30%的员工偶尔查看信息，但没有达到过度的程度。这说明超过三分之二的员工的生活可能被电子通信控制了，导致他们过度焦虑。

你充满电了吗

英属哥伦比亚大学 2015 年的一项研究发现，如果人们减少每天查看邮件的次数，那么他们受到的压力也会减少。但是，很多人还是会感受到一种被研究人员称为"电子压力"的东西。这是一种让你觉得必须立刻回复邮件的压力。这种压力会让你的睡眠质量下降，生病的频率变高，还有可能导致你身心耗竭。

要克服一些常见的干扰，你可以关掉那些每隔几分钟就响一次的提示音。近期的一份调查显示，邮件和电话是消耗人们时间的两个最常见的干扰。其他的干扰事项包括辗转于各种应用软件之间，查看社交网络动态、即时通信、手机短信以及浏览网页。

我发现即使是瞥一眼我手机锁定屏幕上显示的即时新闻推送这样的小事，也会分散我的注意力。这些信息和通知的大部分发布者似乎认为必须让你立刻收到消息。这就是为什么如果你能屏蔽这些提示，即使只是一小段时间，也称得上是奇迹了。一个研究团队预测，你每看一条信息，都需要花 67 秒才能恢复到原来状态。

如果你真的有这个意愿，关掉这些提示并不难。几乎每台手机都有铃声切换功能。通信应用程序的即时通知也可以关闭。也许人们已经意识到了这个问题的严重性，最新的智能手机都

行动起来创造未来

增加了"勿扰"模式，让你免受所有（非紧急）电话、短信和通知的打扰。

现在，花一点时间调整你的日程，把干扰降到最低。设定一个具体的时间查看新闻、邮件和社交网站。在你需要专心做重要的工作，或是专心听别人说话的时候，清除各种提示音、震动声和视觉干扰。查看信息没问题，只是不要让这个念头一整天都跟着你打转。

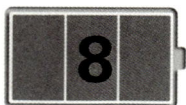

8

专注45分钟，休息15分钟

　　我在写这本书的时候，偶然看到了蒂姆·沃克的一篇文章。他是一名教师，美国人，2014年去了芬兰。他在赫尔辛基的一家公立学校当五年级老师。吸引我注意的是他对芬兰教育体系的一个小差异的怀疑。

　　在芬兰的课堂，每过45分钟，学生们就有15分钟的休息时间。一开始，沃克拒不跟从这个惯例，而是把学生留在教室里。但是，他最终决定测试一下这个45/15模式。他被测试的结果震惊了。根据沃克的描述，孩子们再也不像"僵尸一样"拖着脚步走进教室。相反，15分钟的休息时间过后，他们脚步轻快地走进教室。他们一整天的学习注意力都变得更加集中。沃克深入地研究了这个从20世纪60年代就开始在芬兰推行的模式，他发现重要的并不是学生们在休息时间里做了什么。相反，恢复学生精力和专注力的只是这15分钟时间给予他们的自由，让他们能够从结构化的学习中脱身。

关于这个主题，更正规的实验发现，当学生获得规律的休息时间时，他们能够持续保持更高的专注力。这项研究还认为，应该让学生们在休息时间里自由活动，而不是执行老师安排的活动。

看了蒂姆·沃克的文章，我不禁猜想类似的时间安排是否也能使成年人受益。这个问题的答案也许能在 DeskTime 中找到。DeskTime 是一款应用程序，用来详细追踪雇员一整天的时间使用情况。这款程序的使用者数据库中包含了 36 000 名员工的信息，当开发者将目光放到最有效率的 10% 的员工身上时，他们发现了一些令人惊讶的结果。效率最高的员工们有一个共同点，就是能够有效地休息。这 10% 的精英每工作 52 分钟就休息 17 分钟，然后继续投入工作。

茉莉亚·吉福德和 DeskTime 合作，并撰写了这篇报告。她认为这个模式能够提高效率的原因是这 10% 的员工把他们的工作时间看作是一场冲刺。吉福德写道："他们在强烈的工作目的下，最大限度地使用这 52 分钟，然后休息，为下一场冲刺做准备。"她还注意到，在这 17 分钟的休息时间里，这些高效的员工更倾向于出去散步或是离开座位休息，而不是查看邮件或是登录 Facebook。

第 8 章

专注 45 分钟，休息 15 分钟

尽管理想的比例会因为职业和行业的不同而有所差异，但是高强度的工作搭配一定的恢复时间，这个观点已经得到了广泛的支持。如果你有条件的话，试试专注工作 45 分钟，然后休息 15 分钟。按照这个比例进行调整，找到能够让你整个工作日都充满能量的工作和休息时间比率。即使只挤出 5 到 10 分钟的休息时间也是好的。用吉福德的话说，让你为每一段冲刺做好准备的短暂休息，它们是"有目的地工作"的关键所在。

用目标防止斑块

制定一个更高的目标可以防止在生命的后期出现精神衰退和阿兹海默症，也能够帮助你更好地思考，并提高你大脑的敏锐度。至少，拉什大学医学中心的研究人员在研究了一群人 10 年的衰老过程后，是这么认为的。

为了研究制定一个目标对大脑的影响，这个研究小组跟踪了 246 名研究对象（这些研究对象后来都过世了）。在长达 10 年的时间里，这些研究对象每年接受一次临床评估，包括详细的认知测验和神经检查。他们还要回答有关生活目标的问题，以及他们如何从生活经历中提炼出意义。然后，这些研究对象过世后，研究人员对每一位研究对象的大脑进行解剖，量化大脑的斑块和缠结。这些斑块和缠结会破坏记忆和其他认知功能，在阿兹海默症患者中非常常见。

帕特丽夏·道尔是这项研究的作者之一。她写道："这些发现表明，在生活中确立目标能够保护记忆和其他思维能力不受斑块和缠结的损害。这个发现很鼓舞人心。它表示在老年期，参与有意义、有目的的活动能够促进你的认知健康。"

在工作中找到目标也有利于你的健康和幸福。一项长达14年的研究调查了6000多人，发现拥有目标的人的死亡风险会降低14%。此外，该研究还发现，这种延长福利不仅仅体现在寿命上。因此，不论你是20、40还是60岁，如果你能在工作中找到目标，你都将获得一个长期优势。

牢记你的任务

提醒自己每天为什么要做哪些事。把你的任务摆到重要位置能维持你的积极性，也能让你更有效率。

沃顿商学院的亚当·格兰特教授研究了电话中心工作人员的工作动力。这些工作人员每天都在打电话给毕业生，说服他们捐款给以后的学生发奖学金。考虑到这项工作的困难程度（晚上给人打电话向他们要钱）和员工的高流动率，格兰特开始思考如果把奖学金获得者介绍给电话中心的员工认识，是否能为他们提供额外的工作动力。于是，格兰特和他的研究伙伴让一名奖学金得主和中心的一些员工进行交谈，时间仅为 5 分钟。

一个月后，电话中心里和奖学金得主交谈过的员工的产出明显提高了。这群人每个小时拨打的电话数量几乎翻倍。在这项干预发生前，他们每人每周筹款约 400 美元，之后，每周筹款约 2000 美元。

由于这项初始研究是在 10 多年前进行的，亚当·格兰特又针对几个不同的环境，研究了这些"亲社会"倾向。例如，对于一家技术公司的电话中心的员工来说，来自受益于他们工作的内部员工的言词比公司 CEO 的激励更有意义。在医院里，格兰特和他的同事发现，写着"洗手帮助你预防疾病"的标牌并没有什么作用，但是，当标语变成"洗手帮助病人预防疾病"后，医生和护士的肥皂和洗手液用量增加了 45%。

如果你很难在工作中发现你对他人的直接影响，那么花时间建立这种联系是值得的。通用电气注意到了建立这种联系的价值。公司安排癌症康复者去拜访制造大型机械扫描装置（磁

你充满电了吗

共振成像扫描仪）帮助人们追踪和预防癌症的员工。通用电气的这些活动视频清楚地展示了生产线上的每一个人在看到他们工作的真实（以及情感）影响后，感受到了多大的意义和决心。

在一个实验中，放射科医生在查看CT或者MRI扫描结果时，也会看到病人的照片。在大多数情况下，放射科医生只查看片子，不会看到病人本人或是和他们接触。但是，当病人的照片被放入材料中后，放射科医生承认对病人的移情作用增加了，他们撰写的报告内容增加了29%。最重要的是，当附上病人的照片后，放射科医生的诊断精确度提高了46%。

其他公司则安排了定期的"实地考察"，让那些没什么机会看到自己工作成果的员工能够建立这种联系。约翰迪尔公司邀请制造拖拉机的员工和使用他们产品的农民相处。富国银行给他们的工作人员看视频，听人们讲述低息贷款如何将他们从严重的债务中挽救出来。Facebook邀请软件开发员去听听人们如何通过他们的大型社交网络找到失联已久的朋友和家人。

把你的使命融入每一天，方法可以很简单：时刻记住那些能激励你工作的故事，或是借助能够让你明白"为什么要做这份工作"的一张照片、一句引语或是一段陈述来提醒自己。如果你想保持为社会做贡献的动力，那么把你的任务放在大脑的第一位。

3 能量

2 互动

1 意义

昨天，**16%** 的人进行了非常积极的互动

9

让每一次互动都有意义

　　20世纪90年代，尼古拉斯·克里斯塔吉斯还是一名年轻的实习生，在芝加哥南区工作。他会背着他的皮质医疗包，上门看望垂死的病人。他的病人包括工薪阶层的非裔美国人和芝加哥大学的教职员工。克里斯塔吉斯在看望这些病人期间，对病危和死亡对亲人的影响有了一个全新的看法。这促使他开始研究寡居效应。这个现象也被称为"寡居的人因心碎而死亡"。

　　一天，克里斯塔吉斯医生接到的一个电话彻底改变了他的看法。他当时在看望一个快要死亡的老年妇女。她得了痴呆症，一直由她女儿照顾。在他准备离开时，他接了个电话，是个陌生男人的声音。

　　来电的是这个女儿的丈夫的好朋友。照顾母亲令这个女儿筋疲力尽，而这个筋疲力尽的女儿无法照顾她生病的丈夫。这个男人打电话是因为他担心他的好朋友。那一刻，克里斯塔吉斯意识到，寡居效应影响的不仅仅是一个人，而是整个人际网络里的人。

从那时起，他开始研究人际网络如何影响周围的一切，从肥胖、抽烟到投票和善心。克里斯塔吉斯和他的同事用大量的时间绘制了详细的关系和行为图，发现我们不仅会受到朋友的影响，也会受到朋友的朋友，以及朋友的朋友的朋友的影响。我们甚至没有见过那些人。

我们的每一次互动都会在网络里激起一片涟漪。克里斯塔吉斯目前是耶鲁大学网络科学研究所的教授兼联席主任。他说道："当你减肥成功时，当你开心时，当你对他人友好时……你会影响其他人，而这些人也会接着影响其他人。据我们估计，你的行为能够影响10个、100个，甚至更多人。"

生活由无数个独立的互动组成。这些时刻通常都包含与他人的交流，会给你的日子带来正面或是负面的能量。你每天采取的各种行动累积起来将塑造你几年、几十年甚至一辈子的生活，然而，当你只考虑具体的某一天时，你很容易认为这些时刻都是理所当然的。

即使一个简单的互动也是有意义的，例如，在街上偶遇时相互微笑或是打个招呼。如果把这些时刻视作一个三秒钟的窗

第9章
让每一次互动都有意义

口，那么你每小时拥有1200个这样的时刻，每天19 200个。你的一生大概有5亿个这种时刻。这个主题的研究已经证实，只考虑单独的一天，这种短暂体验的频率比强度要重要得多。

例如，一天中经历了十几个程度较轻的正面事件的人，他们的心情好于只经历了一件非常美好的事情的人。即使是在单独的每一天，重要的也是小事情。我的研究团队发现，那些表示自己每天都有很棒的互动的研究对象，他们拥有非常高的幸福感的概率几乎是其他人的4倍。

当然，不管你多么努力，你还是无法改变很多会影响你人生的事件。但是，你还是可以控制接下来和他人的互动。不管你的情绪有多糟，你都可以有意识地选择以积极的态度对待下一场交谈。如果你这么做了，你接下来的互动都可能得到改善。你还可能给他人带去正能量，从而为你所处的环境增加一份能量。

善意推断

伴随每一次互动的是一次选择。当你碰到一个愤怒、充满敌意或是彻底无视你的人，这种消极性会让之后可能发生的正面交流化为泡影。

我们来想象一下。你站在咖啡店外和朋友聊天。这时，有个人匆匆走过，撞到你，导致你洒了咖啡。这时候，即便是对方的错，且对方也没有道歉的意思，你也应该尽一切努力将这个小事故转化成一个积极的情形。在和陌生人打交道的时候尤其要如此，因为无论如何，你也无法完全体会对方的立场。

大多时候，我都是撞到他人的那一方。我在第一章中提过，很多年前，因为癌症，我完全失去了左眼的视力。现在，我装了假体，看起来和我完好的那只眼睛没有区别。因此，当有人从我的左边走来时，他们觉得我看到他们了……但是并没有。

每当我的半盲引发了一场碰撞，我就获得了一个小小的窗口，可以观看其他人的生活在那个时刻是什么样子。大多数人在看到我（反复练习过）的微笑，听到我不住的道歉后，也会跟着照做，然后我们握手言和。但是，有的人会迅速出口责备，用他们的声音和肢体语言清楚地表达他们的焦虑。

我很快发现，对方的反应对他们自己之后的愉悦度的影响要大于对我的影响。那些对对方进行恶意推断的人，他们这么做是在伤害自己。百事可乐CEO卢英德是这样描述的："当你推断别人的意图是恶意的时，你会感到愤怒。如果你放弃愤怒，进行善意推断，那么你会感到高兴……（你）不会变得防备。

你不会大喊大叫。你会试着去理解，去倾听。"

即便你面对的是明显的恶意（这种情况很少见），努力将形势向积极的方向扭转，对你还是最有利的。这样，在这天余下的时间里，你就不会为这件事感到恼火，纠结其中。既然你每天都要和朋友、陌生人互动，你应该把它们当作一项任务，尽量确保这些交流结束时的形势比开始时的好。

重要的是频率

所有的人际关系都是经过一系列互动发展而来的。如果你今天新认识了一个人，你们之间的互动并不愉快，那么你将来和这个人产生交集的概率会很低。如果你们的交流是积极的，那么你们建立一段良好的人际关系的概率就会高很多。等式的这个部分是显而易见的。另一方面，虽然很多人认为是理所当然，但已有的关系也需要定期和频繁的互动才能不断成长。

正如尼古拉斯·克里斯塔吉斯在 20 世纪 90 年代所发现的，整天和你互动的人，他们会对你的幸福感产生巨大的影响。2008 年，克里斯塔吉斯和他的同事詹姆斯·富勒研究了人际关系如何影响人们的幸福度。根据这项研究，物理距离的远近比我原以为的要重要得多。如果某个研究对象的社交网络里的一个朋友住在他／她附近800米内（并且是个快乐的人），那么这名研究对象变快乐的概率会增加至少40%。

如果一个人社交网络里的朋友住在他／她附近1600米内，那么这种影响力将减半为20%。如果他／她的朋友住在超过2400米远的地方，那么这种影响力将降为10%。随着距离的增加，这种影响力逐渐下降。克里斯塔吉斯和富勒指出："幸福的传播也许更依赖社交联系的频率而不是深度。"

话虽如此，但亲密的关系即使间隔了很长时间，也可能产生深刻的影响。即便这段关系的双方住在不同的城市或国家，情况也是如此。远距离关系当然值得我们花时间去维系和滋养。多亏了科技和社交网络，这件事现在变得容易多了。

2013年，普林斯顿大学的一个研究团队进行了一项有争议的研究。他们将自己的发现描述为"通过网络完成的大规模的情绪感染"。为了测试情绪能否通过简单的在线互动传播，研究人员更改了Facebook 689 003名用户的新闻动态（这是这项研究受争议的地方，因为不清楚这些用户是否同意参加实验）。当新闻动态里的正面表达被有意减少时，人们发出的正面帖子变少，负面帖子变多。当负面表达被有意减少时，用户们接下来发布的帖子里，正面的帖子数量变多。

这些研究清楚地表明，人们大大低估了日常互动对他们日常体验的影响。你每天或是每周都要联系的人，不管你是不是把他们当作朋友，知不知道他们的名字，他们都会影响你的幸福感。这也表示，你有能力为一天当中的每一个对话添加正能量。

80%的积极

　　如果一个人时时刻刻都处在积极的状态中，那么我常常要费力将谈话变得现实。我个人认为，盲目的积极和长期的消极有很多共同点。这两种情况都会让其他人感到沮丧、恼火，或者失去兴趣。

　　这就是为什么关于日常体验的最好的研究中，有一部分是以积极和消极互动的比例为基础的。在过去的20年里，通过观察人们和他人的互动，根据积极和消极互动的比例为对话打分，科学家们已经做出了了不起的预测。研究人员根据这些发现，对各种各样的事情进行了预测，从一对夫妇的离婚概率到一个工作团队拥有更高客户满意度和生产力的概率，五花八门。

　　近期有更多的研究也解释了为什么这些简单的交流如此重要。例如，当你因为批评或是拒绝感受到负面情绪时，你体内的压力荷尔蒙皮质醇水平就会升高。这种类激素会关闭很大一部分思维功能，激活冲突和防御机制。在这种战斗或是逃跑模式下，你知觉感受到的形势糟糕程度会被夸大。皮质醇的分泌是一个持续的反应，因此它会持续一段时间，特别是当你困在这个消极事件中的时候。

当你体验了一个积极的互动，一个完全不同的反应会被激活。积极的交流会促进身体产生催产素。这种激素会让你感到愉悦，增加你交流、协作和信任他人的能力。当催产素激活你前额皮质的网络后，你的思维和行为都将得到拓宽。但是，由于催产素的代谢速度比皮质醇快，因此和负面的激素激增相比，正面激增的效果没有那么显著和持久。

我们至少需要三到五个积极互动来抵消一个消极互动带来的影响。糟糕的时刻总是大于美好的时刻。不论你是在进行一对一的交谈，还是在进行小组讨论，你都要牢记一个信条：你的谈话内容，至少要有80%围绕着正确的事情展开。

举例来说，在职场上，这一点常被反向执行。经理们在评估绩效时，常常把80%的时间花在薄弱点、差距和"需要改进的方面"上。他们只花20%的时间在优势和积极面上，他们需要掉转过来。和小组或者团队进行讨论时，任何时候，你都要用大部分时间讨论有用的事项，用剩余时间讨论不足的地方。

将积极词汇作为黏合剂

你使用的大多数词汇都带有正能量或是负能量。幸运的是，有一种被科学家称为"人类表达的积极偏向"的东西。人们使用的词汇大多是较积极的。关于这个主题的跨国界、大规模研究显示，书面用语中，每5个词语中大约有4个是积极的。

不论是口语还是书面语中的积极词汇，都是一段关系的黏合剂。大多数的对话、信件和邮件都包含大量积极词汇。它们必须如此，否则就会被效果强大的消极词汇抵消。

负能量词汇的效果通常是正能量词汇的4倍。如果你给朋友的便条中有一处负面评价，那么你大概需要再写四个正面的评价才能让对方的心情恢复到中性状态。如果你和一个同事在网上辩论，那么对方觉得负面的每一句话都将加大你们之间的分歧。

当你不得不质疑某个人，解决难题，或是传达坏消息时，别忘了加入一些积极的词汇。用较多的积极词汇让整个对话达成平衡。然后，尽量以具体的、有希望的行动作为结束语。帮助对方发现你提出的改变将会带来的积极结果。如果你用各种负面评价轰炸对方，这将带来失衡的影响，很可能使他失去兴趣，不愿再听你说。

例如，老师们常常收到这类建议，在安排家长会时要牢记这一点：当家长会从好的事情开始说起时，家长们会更乐意倾听，乐于接受。

不论何时，当你与他人交流时，谨记使用积极词汇的重要性，它们有团结作用。也许在当下看不出效果，但是微小的信息会植入对方脑中。如果朋友们觉得你的信息或电话能够改善他们的心情，那么你们之间的关系纽带将会得到加强。

至少给予关注

即使你说不出什么好话，也试着说些什么。和我小时候所受教育不同的是，负面评论造成的伤害远小于无视对方。2014年，加拿大研究人员展开的一些研究表明，和骚扰或是欺凌相比，职场上被无视对身心健康的损害更大。

正如该研究的一名通讯作者所指出的，"我们接受的教育是，在社交上可以选择不理睬……但是，排斥实际上会导致对方觉得更无助，仿佛他们根本不配获得他人的关注"。这项研究的参与者将忽视他人评定为安全、较无害的做法，但实际上，这种做法的伤害更大。在职场上，被排斥在外的人，他们工作的敬业度较低，辞职的概率更高。此外，和那些表示自己受到欺凌的人相比，他们的健康问题更多。

尽管这项研究中，和欺凌的比较结果令人吃惊，但研究的整体发现和我已经完成以及正在进行的很多研究的结果是一致的。一个漠不关心的经理和一个盯着你缺点看的经理，前者导致你无心工作的概率几乎是后者的两倍。

人们常常低估给予他人关注的重要性。当一个人受到无视时，他会倾向于做出较糟的推断。如果我经常联络的某个人有一段时间没有联系我，我的第一反应是我是不是做错了什么，或是冒犯了他。大多时候，事实并非如此，但是大脑常常将交流中断想象得比实际情况更糟糕。

即使是负面的反馈也比什么回应都没有来得好。别人批评你的时候，你至少知道他们愿意关注你。理想的方案是为一份真相搭配几份鼓励。

11

从小处开始，保持清醒

　　如果你总是让社会来定义你的幸福，那么你会开始一场永远无法获胜的比赛。每到一个转弯，总会有东西跳出来暗示你，你需要更多东西才能得到真正的满足和满意。为了说服你超前消费，市场营销人员会不断地给出充分的理由，告诉你为什么你到达下一座山的山顶时，会比现在更快乐。但是，如果陷入这样一场比赛，你永远不会有获胜的机会。

　　幸运的是，能给你的日常生活、工作带来正能量的东西通常都很普通，并不需要你花大价钱购买。出门前和伴侣进行一次暖心的互动；在同事的办公桌边停下，美言几句；在天气好的时候外出散步；和最好的朋友通个电话，在他最需要的时候，送上你的关心。

　　斯坦福大学和哈佛大学商学院近期的一项研究表明，这些小姿态可能比大行动更能提升他人的幸福感。实验中，一组参与者的任务是让他人开心，而另一组参与者的任务是让他人展露笑容。实验结果显示，在提高他人整体幸福感方面，与笼统的、空洞的尝试相比，让人发笑的、微小的、直接的行动效果要好得多。

该研究的作者写道："尽管与人们的直觉相反，但是具体的、旨在提高他人幸福感的小目标比宏大的、抽象的目标更能给采取行动的人带来幸福感。"这项研究揭示了一个完成重大挑战的异常简单的方式。当你的朋友正经历艰难时刻时，在进入正题前，先做些事情让他提起精神来。

用问题点亮对话

不论是费力完成的还是自然展开的对话，和新认识的人交谈总能让你受益。我知道在一个人满为患的房间里，和不认识的人攀谈是一件非常困难的事情。事实上，仅仅是这么一想，我的心跳就加快了。但是，我发现当我的注意力放在问问题、听答案上时，与人攀谈就变得没那么困难了。问问题能减轻我的社交焦虑，因为我会觉得自己不需要再为了加入谈话而说些什么。说服他人不是我的强项，我喜欢观察有趣的人，从他们身上学习。

当你的作用或信用受到怀疑时，或是你在和他人辩论时，问问题的效果就更大了。英国的一个研究团队多年来一直在研究谈判高手的记录。他们发现，发问是让双方最终达成一致的最有效的方法之一。在给定的讨论时间里，一般的谈判代表只把全部时间的10%用在发问上，而最成功的谈判团队用21%的时间提出问题。

人们喜欢谈论自己。据估计，日常对话中，有40%的内容是人们在谈论自己的想法和感受。科学家认为，谈论自己就像食物或金钱一样，会激活大脑中相同的奖励中枢。哈佛大学神经系统科学家戴安娜·塔米尔进行了各种各样的实验，包括与这个主题相关的大脑成像实验。她解释道："自我表露会带来额外的奖励……人们为了谈论自己，甚至愿意放弃金钱。"

你越坦诚，包括自曝尴尬时刻和偶尔犯的错误，别人会越信任你。因此，接受你自己的小错误、失误和天生的怪癖吧。一系列实验表明，笨拙和自贬是一种财富，事情偏离正轨并不是什么羞耻的事情。简言之，谦逊创造信任。

加州大学伯克利分校的研究人员研究了这种社交倾向，结果显示：人们喜欢和那些不在意在众人面前出丑的人交往。例如，研究人员录下了60名大学生讲述自己尴尬时刻的视频，比如在公共场合放屁，或是根据外表做出了错误的推断。然后，研究团队对每名受测者的尴尬事件进行等级评定。

其他人在看过这些尴尬事件后，在之后与事件的主角一起玩游戏时，表现得更加配合，更加大度。这些研究表明，我们没必要为尴尬时刻感到烦恼。事实上，对这类情况做出真实的反应甚至可能赢来他人的信任，带来一段友情。

我曾经不情愿暴露自己的不安和弱点，特别是在专业领域。但是现在，我明白了，在一个不熟悉的情境里，相对于冒犯他人的风险，自嘲通常是更为安全的做法。谈论我自己的恐惧、缺点和蠢事，常常会换来有趣的故事。有时候，还会带来一段长久的关系。坦然接受自己好的、坏的、尴尬的时刻，也为我节约了大量时间，因为我不用伪装自己。

为了速度和创意而联络

除非你能着眼于更大的局面，否则你很可能会忽视亲密关系在工作中的必要性。当然，如果你埋头苦干，你明天也能完成更多工作，但是，如果你不去发展或维系你的人际关系，随着时间的流逝，它们会渐渐消失。

　　生活中任何实质的东西都是和他人一起创造的。我单枪匹马打拼，并没有完成过任何值得称道的事情。人际关系会提高成就，带来效率。如果我需要向一名没有合作过的同事解释一件事情，我可能要花费15分钟。如果我需要和工作中亲密的朋友解释这件事，那么我只要60秒就能说完。

　　友谊能让很多事情提速，因为情绪传播得比语言快。当你在办公室看到一个朋友，即使你们什么都没说，仅仅通过观察对方的表情和肢体语言，你们就完成了情绪信息的交换。你和一个人的关系越亲密，越容易模仿他的语言和特殊习惯。这非常有利于你们在更少的时间里交换更多的信息。

　　心理学家詹姆斯·彭尼贝克的整个职业生涯都在研究这个主题。他说："两个人开始对话后，很快，他们说话就会变得相似。"彭尼贝克和他的团队研究了夫妻用词的同步性。他们发现，在婚姻关系良好的时期，夫妻的用词相似度较高，而当婚姻关系陷入低谷时，用词相似度会降低。这说明模仿对方用词可能预示着一段关系的增进。但是，对于最亲密的关系，你不需要模仿对方的肢体语言、面部表情或是用词，而模仿一个陌生人的表情或姿势，则能够提高你们对话的质量。

你充满电了吗

职场上的友谊也伴随着一定程度的信任。这种信任能为你的一天带来具有激励性的、高效的互动。当一个小组需要创意思维解决问题时，或是在开发新产品时，这种作用尤其明显。当你和你喜欢的一群人相处时，你的心情会变得更好。实验显示：当你的心情变好时，你的创造力会提高，你的思维会更为开阔。这就是为什么盖洛普公司的研究显示，在职场拥有"好朋友"级别人际关系的人，他们的敬业度是其他人的7倍。

研究人员向雇员询问他们是如何在职场发展一段亲密的朋友关系时发现，在工作中认识的人，要发展成朋友，大约需要一年时间。同事成为朋友的指标是他们讨论与工作无关的话题所用的时间。再进一步，职场中亲密的朋友关系的指标更为直观：分享自己生活和工作中的问题。这种自我表露是最亲密的关系的核心因素。

在职场建立良好人际关系需要时间和努力。但是，我们可以从一些很小的事情做起，比如问问你的同事周末过得怎么样，或是常常和朋友一起吃午饭。这种努力是值得的，因为你建立的关系对你的工作和幸福感有好处。

12

为了人际关系休息一会儿

　　美国银行的客服中心最初成立时，目的是以最高的效率处理客户来电。因此，中心员工的休息时间和其他员工不同。这样安排是为了确保随时有人接听电话。然而，那时员工的流动率高得惊人。

　　银行的管理人员调查了离职问题，发现员工间缺少人际往来和日常交流是这个问题的根源。缺乏凝聚力对员工表现的预测能力是其他衡量方式的6倍。鉴于这些发现，银行管理层改变了排班方式，确保两组员工可以在同一时段吃饭、休息。

　　三个月后，还是这组组员，他们处理来电的速度快了23%，小组凝聚力提高了18%。这些变化为公司增加了1500万美元的营业额。美国银行发现，如果员工在每天的工作中有机会和他人交流，那么势必会建立人际关系，并深入发展。这些人际关系都将为银行业务带来正面影响。

珍惜你拥有的

如果你和关心你的发展的人相处，你就会成长。反之，如果你周围都是恶意、消极的人，那么毫无疑问他们会拖你的后腿。与你相处的人会直接影响你的方方面面，从你的幸福感到你的习惯和选择。

例如，如果你的朋友抽烟，那么你抽烟的概率将增加61%。即便是你朋友的朋友（二级关联）抽烟，你抽烟的概率也会增加29%。人际网络中，你的三级关联人也会对你产生这种影响。如果你朋友的朋友的朋友抽烟，那么你抽烟的概率将增加11%。这就是研究人员所说的人际关系的"感染效应"。从抽烟到肥胖，它适用于各种事情。

幸运的是，人际关系的这种感染效应也有积极的一面。如果你有一个快乐的朋友，那么他／她提高你快乐程度的效果比年收入增加一万美元还要好。如果你对一个人付出了善意的行为，那么他／她很可能会将这种善意传递给下一个人，依此类推。你对他人的任何投资几乎都会有指数级的回报，这是你当下无法预见到的。

近期有实验显示，让幸福感持续增长的最好方式是珍惜你已经拥有的，并继续和你珍视的人一起创造新的积极体验。如果你能珍惜自己已经拥有的东西，那么你不仅会得到成长，也能避免因为想要更多而带来的焦虑。在你现有的资源和人际关系下，你每创造一个新的体验，都会对你的幸福产生复合效果。

一个人的时候，拿起你的手机

付出关注需要花些精力，但回报却是客观的。没有什么比亲近的社交关系更能为你的生活增添价值。这就是为什么当你和他人相处时，你必须对他们投以关注。

你的周围存在着无数让你分心的事物。有时候，这些事物是有益的。当我在超市大排长队时，我的电子安抚器（智能手机）就能大显身手了。网络就在我手边，让我能够将这无聊、沮丧的排队时间变成学习或是联络朋友的时机。但是，当你和朋友、同事或是亲人相处时，使用这些东西就会产生一些问题。

事实上，2014 年，一份名为"苹果手机效应"的研究显示，智能手机能毁掉一场谈话。在一个有 200 名参与者的实验中，研究人员发现仅仅将移动通信设备放在桌上，或是让参与者拿在手中，就会妨碍谈话的进行。只要手机出现在视线范围内，研究人员评定的谈话质量就不如没有移动设备在场的谈话那么令人满意。据参与者报告，当手机不在视线范围内时，他们的移情程度更高。

另一项研究发现视线范围内的手机会降低专注度和执行复杂任务的能力。当我读了越来越多相关的研究后，我在日常生活中做出了几个实质性的改变。如果我把手机放在桌子上，即使只是顺手放的，我也更清楚地知道了其中隐含的信息。这和有没有设置静音或是有没有关机没有关系。只要看到手机，它就会影响我的专注力，影响房间里的其他人，影响我的人际关系。

将注意力完全放在他人身上，是在告诉他们你有多重视他们的想法、观点和时间。专心听他人说话是发展一段新的人际关系，以及对已有人际关系进行投资的好办法。花一点时间了解他人的观点也能帮助你学习和进步，拓展你的思维。

遗憾的是，别人和你说话的时候，你大多数的时候并没有真正在倾听。你可能认为你很善于假装自己在倾听，但事实并非如此。人们能够读懂一闪而过的面部表情。因此，当你没有完全集中精神听的时候，即使他们不说，实际上他们也能分辨得出来。

你可能体验过你在说而对方却明显在走神有多么令人沮丧。

第 12 章
为了人际关系休息一会儿

据估计，人们的倾听效率仅仅能达到最高值的25%。这主要是因为人想的速度比听快得多，这使得他们可以同时进行两个任务。

仅仅和对方待在同一个房间，进行眼神交流是不够的。即便你在对方说话的时候没有去查看手机信息，你还是会很容易走神。很多时候，我会感到很内疚，因为我没有注意听对方的全部看法，我走神了，脑子里是我接下来想说的内容。还有一个难题是，一般人每倾听17秒就会被打断一次。

如果你决定花时间和某个人相处，比如吃饭、兜风或是散步，请把你全部的注意力都给这个人。打电话，打开应用程序或是阅读信息都在告诉对方你并没有尽你所能地珍惜他们的时间。既然你选择了和他们相处，请全神贯注。

13

体验优先

想一想你人生当中最难忘的假期、旅行、大事和其他经历。当你回想这些时刻时，你可能会发现，仅仅是回想和你在乎的人在一起的时光就能给你带来很多快乐（尽管迟了很多年）。最好的经历所创造的记忆和幸福感可能要多年后才会显现。

你的财务投资最好的用途是用来和其他人一起完成有意义的体验。这可能是有关如何有效使用金钱的最重要的发现。想一想和喜欢的人一起旅行，在旅行前、旅行中和旅行后会发生什么。如果你事先制订旅行计划，那么在旅行前，你会因为期待而度过激动人心的数月时间。然后，你和朋友或是家人真正踏上旅程。接下来，你会拥有数年的美好记忆。

| 期待 | 实际体验 | 回忆 |

你充满电了吗

　　将这些好处和因为购物而轻易获得的兴奋进行对比，例如购买一件衣服，甚至是一辆车。买完车后，你也许会立刻感到一阵快乐，但是在接下来的星期一，当你在路上开着它时，这种兴奋感很快就消逝了。即便是把钱花在简单的人际关系体验上，例如和你的伴侣出去用餐，听音乐会，或是带你的孩子去看比赛，也比拿去购物好。

　　有一个例外值得我们注意。那就是花钱购买能够帮助你学习和成长的实物商品，例如书籍、录像带、运动用品和乐器。2014年的一项研究发现，以体验为中心的产品确实能提高幸福感。

　　旧金山州立大学的瑞恩·豪威尔是消费习惯研究方面的佼佼者。他认为人们低估了体验消费的延伸价值。"我们发现大家犯了一个大错，"他说道，"人们认为体验提供的只是短暂的快乐，但实际上，它们提供的快乐比我们认为的多，而且持续价值也更高。"

　　在豪威尔的研究里，人们对于实物消费两周后的快乐程度的预估非常准确。但是，体验消费两周后，人们对于这笔钱花得值不值的认定，比他们预测的高了106%。正如豪威尔所描述的，"随着时间的流逝，实物会毁坏，而生活体验则保持稳定"。

　　如果是为了一次体验买票，那么排队的过程也会变得更加

第 13 章
体验优先

愉悦，比如排队买比赛或是音乐会的票。体验消费除了比实物消费持续的时间长，还能同时提升多人的幸福感。你在体验上花费的每一分钱所带来的幸福感，都因为和你一起参加体验的另一方而加倍。

然而，特别是在美国，大多数人的实物消费远远高于体验消费。普通美国家庭全部年收入的50%都花在了车子和房子上。这使得他们在更好的投资（例如食物、娱乐、旅行和其他休闲）上投入得不够，至少从百分比上看是这样的。在其他发达国家，人们在住房和交通上的花费只占30%到40%，这使得用于体验消费的可支配收入增加两到三倍。

有一点要提醒一下：出于炫耀目的的体验消费并没有这样的效果。豪威尔表示："消费的原因和消费的内容一样重要……如果你购买体验是为了向他人炫耀，那么这个体验消费所附带的幸福感将被抹杀。"

豪威尔的研究表明，体验会让人们更加快乐，因为它们能满足人类成长的基本心理需求，例如人类需要感觉自己是有能力的、自主的、和他人有联系的。豪威尔调查了241人，发现他们购买体验的动机决定了他们的心理需求能否得到满足。他发现有些人购买生活体验是因为那些体验符合他们的心愿、兴趣和价值观，这些人从中得到的快乐比其他人多得多。

（为他人）购买快乐

哈佛商学院教授迈克尔·诺顿职业生涯的很大一部分时间都在研究财务状况和幸福感的关系。他发现财富的原始累积并不是最重要的。诺顿解释道："并不是说累积财富是件坏事，只是人们对此的关注并没有那么丰厚的回报。"

重要的是人们如何使用他们的金钱。诺顿研究过的最常见的误区之一，便是人们认为为自己花钱就能帮助他们走出低谷。在极端的案例里，他们住着大房子，开着昂贵的车子，却没有朋友，被诊断为抑郁。

幸运的是，诺顿的研究也确认了一些正确的花钱方式。我们来看看这个例子。如果你现在出门给自己买一杯咖啡，这不会给你带来多少快乐。但是，如果你也给某个人买一杯，那么你和这个人的快乐度会同时提高。在完成这项研究后，诺顿觉得人们因为把钱大多花在自己身上而错失了很大一部分快乐。如果想同时让你的金钱和快乐最大化的话，那么首先想想怎样把钱花在其他人身上。

第 13 章
体验优先

当你想购买一件实物商品时，想一想它能否让你或是你的人际关系受益。如果你能清楚地预见到这次购物能够提高你周围的人的幸福感，那么这就是一个不错的投资。但是，如果这次购物只能让你短暂兴奋一下，并不会给你或是其他人带来持久的影响，那么放弃它。如果你减少对物质的关注和投入，那么你的人际关系就会得到加强。

为了幸福提前准备

当你在计划一件事时，在真正采取行动前，想一想它能否增加他人的幸福感。2006 年，我在做蜜月计划时，无意间看到了一些早期研究，有关体验的"预期效用"。研究人员衡量了对幸福感有明显影响的体验前的期待、体验本身和体验完成后的回忆，并对影响程度进行了分类。

研究结果显示，对假期或是某件事的期待所能带来的快乐比事件本身还要多。即使是之后的回忆，对长期的幸福感的贡献也大于事件本身。尽管这个结果一开始令我惊讶，但是如果你去回想一下近期的某个假期，你会发现你的回忆可能比收拾行李、过安检、长时间坐在车里等经历更有价值。

你充满电了吗

在看完这个研究后，我意识到把蜜月的行程当成惊喜瞒着我太太是个多么糟糕的主意。于是，我把所有的细节都告诉她，包括我们要做什么，去什么地方。很快，我就发现了这么做的回报。几天后，我发现我太太在网上查阅我们的目的地，并和她的一个朋友讨论。

下一次，当你为他人安排一次体验时，尽量把细节全部告诉对方。如果你计划周末去逛公园，提早一天告诉你的朋友或孩子。我每次都把计划提前告诉我家的两个小朋友，当我这么做的时候，我发现期待能够提高这次体验的价值。

对于旅行或是大型活动，你最好提早几个月开始做计划。与此相关的一个大规模研究发现，对旅行的期待会增加几周甚至几个月的幸福感。即使这次体验和你所希望或是计划的不完全一致，但是随着时间的流逝，对它的回忆可能会变得更好。对于实物商品，随着时间的流逝，人们会去适应它，或者忘记它，但是体验则不同，人们很容易戴着"玫瑰色眼镜"去回忆共同的经历。因此，如果你去海边的时候下雨了，或是去游乐场的时候人满为患，别担心，多年以后，它们会成为家人之间爱的记忆。

14

不要独自飞翔

　　生活中最美好的事很少发生在你独处的时候。让你的生命变得有价值的时刻是你和最亲近的人相处的时刻，但是我们却在个人成就上花了过多时间和精力。从求学到工作，再到个人目标，人们花了过高比例的时间独自追求。

　　当研究人员要求参与者重述人生中最积极和最消极的经历时，他们全将社交活动描述为对他们人生影响最大的记忆。在一项包含4个分支的系列研究中，参与者被要求回想亲近关系开始和结束的时刻，爱上一个人的时刻，或是失去某个人的心碎时刻。其中一项研究的作者总结道："总的来说，就是那些与最触动他们人生的某些人有关的记忆。"

　　所有参与者都认为和他人共同经历的活动比他们的独处经历更有影响力。独自经历的事件或是个人成就（例如获奖或是完成任务）对参与者的影响不是最深的。相反，研究人员总结认为社交经历的"情感力量来源于我们对归属感的需求"。

想想你优先考虑的事情。不论是在职场完成一个大项目，获得学位，还是跑完一场马拉松，想想你的目标是否有他人的参与，还是你一个人单打独斗。为了个人的里程碑式的重要事项努力并没有什么不对，只是你要记住这些可能不是你会珍藏25年的记忆。

双赢

一段关系最基本的前提条件是两个人在一起的时候比双方独处时好。你和配偶在一起的时候应该比你们分开的时候更快乐。比起各自工作，职场上的友谊应该能为双方提供更多快乐或是更好的成绩。但是，我们很容易把这些都当作是理所当然的事情。

一个研究团队研究了新的社会关系。他们发现简单的对话也有大作用。如果陌生人在共同完成一些任务前，先花十分钟相互了解，那么他们之后会表现得更好。但是，如果这些对话有竞争意味，那么这种效果就消失了。

这个实验也许能解释为什么当你遇到某个人时，最好做善

第 14 章
不要独自飞翔

意的推断。当双方都进行善意推断时，他们完成共同任务的概率会变高，而且过程可能会变得更快乐。但是，如果任何一方将其视作一种竞争的话，那么这个互动从一开始就注定会失败。

有一篇文章是关于政治学者口中的"零和"局面的。"零和"的意思是，双方进入一种竞争形势，奖励有限。因此，如果我获得了60%，那么你最多只能获得40%。在体育界和政治界，很多时候，在一定时期内，总额是固定的。然而，如果将一段关系视作一场"零和"比赛，那么这段关系将以最快的速度走向尽头。

你赢，就会有人输。"零和"心态从你很小的时候就已植入你脑中。特别是在崇尚竞争的文化和社会里，输赢观念更加明显。一名运动员或是一支球队赢了金牌、世界杯或是超级碗，第二名就成了失败者。

在工作方面，很多时候，你成功了，别人会获得更多。如果你推出了一件成功的产品或是业务，那么你会带来工作机会、供应商和顾客。你也为整体经济贡献了一份力量。你在工作中完成的每一件事，几乎都能创造比你从竞争者或是对手那里获得的更高的价值。因此，那些总想着赶上或是战胜对手的团队或公司是最难走向成功的。

采取亲社会鼓励措施

说到鼓励措施，我们首先想到的是个体奖励。然而，个体奖励常常起不了作用，原因可能是这种奖励方式的基础是人们最关心的是自己的利益，或者说比起帮助他人，更关心自己的利益。

但是，很多研究显示，人类之所以是人类，原因之一是我们渴望帮助他人。科学家正在研究给予的激励作用是否比接受更强。杜克大学的拉琳·安尼克领导了由三个实验构成的一项研究。研究显示，"亲社会"鼓励措施能够让人们做得更好，并且在做的时候，满意度更高。

其中有这样一个实验，参与者只要工作完成得好就能获得金钱奖励，这笔奖金只能用来付账单、买东西，或是给自己买礼物。与之相对的，"亲社会组"的参与者收到指示，要将钱花在某个组员身上。尽管参加实验的是医药销售代表（通常来说，这是份竞争非常激烈的工作），但是与鼓励措施较为自私的小组相比，被要求为他人做些好事的小组表现得更好。

第二个实验的对象是运动团队。实验设计相同，要求运动员将钱花在自己或者队友身上。收到"亲社会"要求的小组的获胜率得到了明显的提高。在安尼克和她的团队进行的第三个实验中，银行员工收到了 50 美元的奖金，被要求以他们银行的名义捐给慈善机构。与之相比，收到亲社会捐款指示的小组表现出更多的快乐和更高的满意度。

　　如果你想鼓励别人做得更好，那么给他们一个有利于其他人或是整个团队的鼓励措施。如果你的朋友、同事、配偶或是孩子取得了一些成绩，那么试试给他们一个能让他们继续付出的礼物。如果是实物礼物，确保他们可以和其他人共享这个礼物，比如一家餐厅的代金券。当你想鼓励自己和其他人时，试试这么做，看看你能否建立一个循环。记住，给予比接受更能鼓舞人，每个人都不例外。

建立累积性优势

　　如果你的关注点总是在别人的缺点上，那么会使对方对自己的能力丧失信心。但是，如果你看到的是他们的努力和成功之处，那么你会不断地提高他们的自信。更有甚者，研究人员发现，你越早开始关注别人的日常成功之处，随着时间的流逝，你取得的收获越多。

　　科学家们回顾了一项长达25年、追踪了7000多人的研究，发现小时候的自信会产生一种优势，他们称之为"累积性优势"。和自信心较弱的人相比，有自信的个体，他们的职业生涯以指数级的步伐向前迈进。随着时间的流逝，这种作用会越来越明显。人们越早建立自信，这种区别就越明显，甚至在身体健康方面也是如此。在较小年纪就已建立较高自信的小组成员，他们在实验开始时，健康水平和其他人在同一水准线上，但25年后，他们的健康问题只有其他人的三分之一。

帮助你身边的人了解什么能为他们带来能量。想想你的社交圈子，有人可能需要你给他们一点鼓励。帮助他人看到他们日常的成功之处能够促使他们快速成长。每个人都有隐藏的才能等待发掘。很多时候，你可能是唯一能发现这个闪光点的人。所以，如果你看到了，一定要说出来。以我个人的经验，几句鼓励的话就能起到很大的作用。

帮助他人发现优势

我的外祖父唐·克利夫顿终身致力于研究人的优势，在我的成长过程中，我的家人总是试图通过蛛丝马迹寻找我的天赋。我5岁的时候，他们发现我对阅读有浓厚的兴趣。到了9岁，我的外祖父注意到我有一些企业家的才能，于是帮助我做起了小生意——卖卖零食。他帮助我找场地，想办法批发了一些零食。他还教了我一些基本的财务概念。但是，我学到的最宝贵的一课是关于人、互动和人际关系的。

从小学到初中、高中和大学，我越来越清晰地意识到我的天赋和兴趣在于生意、研究和一切与技术有关的东西。1998年，我大学毕业。唐问我是否愿意和他一起工作。他想通过科

第 15 章
建立累积性优势

技和一个叫作互联网的新玩意，把他的优势研究呈现给更多读者。在接下来的几年时间里，我和唐以及我们的团队一起开发一个在线优势评估测试，取名为优势识别器（StrengthsFinder）。但是，在这个激动人心的新项目的开发过程中，唐发现他得了胃癌、食管癌，已经到了第四期，很可能只能再活几个月。

那时，我已经和癌症战斗了10年了。因此，我用自己的知识和所有时间帮助我的外祖父尽量延长生命。在我们辗转于不同的医疗中心进行治疗期间，唐和我收集了和这个主题有关的全部研究。在这段痛苦的经历期间，我记得唐曾对我说过，他觉得人们要等到一个人离开后，才在悼词里赞美他，这太不可思议了。

因此，我熬了几个晚上，给我的外祖父写了一封感情充沛的长信，告诉他这些年他给我的生活带来了多大的影响。那其实是一份写给还活着的人的悼词。这封信描述了我十几岁就开始和癌症做斗争的故事，然后深入谈及我外祖父的观点和处事方式对我的深刻影响。我描述了他的爱、关心和思想如何建立起一座堡垒，帮助我以较好的姿态撑过那些健康出问题的日子。

由于我对自己的书面表达能力没什么信心，我甚至犹豫要不要把这封发自内心的信交给唐。但是，考虑到当时的情形，我决定把信给他。他读过信后非常感动，也很高兴。对此我并不意外，但是几天后，我们的一次简短交流令我吃了一惊。

唐告诉我，他读了很多遍我的信，觉得我的用词天赋很好。从来没有人跟我说过这一点，更不用说表达得这么明确。他问我是否愿意将信里的故事写到书里。我觉得没有问题，只要执笔的不是我。

然后，唐问我是否愿意在接下来的两个月里帮他一起写这本书。两个月是他知道的自己的生命期限。我知道我的外祖父很有智慧，能够使别人受益，于是我同意尽最大努力试一试。我们在接下来的两个月时间里争分夺秒地工作，终于在唐过世前完成了《你的水桶有多满》这本书的初稿。这本书让数百万人看到了我外祖父的工作。我们甚至还把它改版成儿童读物，让它走进了全球的课堂。

开发终极优势

这个经历告诉我一次简单的交流和观察也能改变人生。处在众多了不起的人当中，又经过了无数次的优势测试，在探索了这项才能近30年后，除了写作，我没打算再做别的。然后，

第 15 章
建立累积性优势

有人说他发现了我的一个才能，值得投资。他的这个发现直到现在还影响着我每天的时间安排。越思考这个经历，我越觉得发现和发展他人的天赋才是终极优势。

帮助他人成长的最好方式之一是给予正确的赞扬和认可。告诉对方他"干得好"，这样很好，但是没什么用处，尤其是当你的语气并不真诚的时候。事实上，不真诚的正面评价比负面评价更具毒性，更有害。

除了语气要真诚，那些正能量的词也要越具体越好。2014年发表的一项研究包含了6个实验。这项研究揭示了具象化在鼓励他人中的重要作用。其中一个实验的参与者被要求"给需要骨髓移植的患者更大的希望"。这样的措辞和"给需要骨髓移植的患者更大找到捐献者的希望"相比，后者的鼓励效果更好。此外，当研究人员要求参与者"增加回收利用"时，效果也比"保护环境"好。

即使是很简短的交流，你的用词越具体，效果也越明显。当你帮助他人发现他们擅长的事情时，你就帮助他们建立了一个累积性优势。也许你在当下意识不到，但你有可能为他们将来的健康和幸福贡献了一份力量。

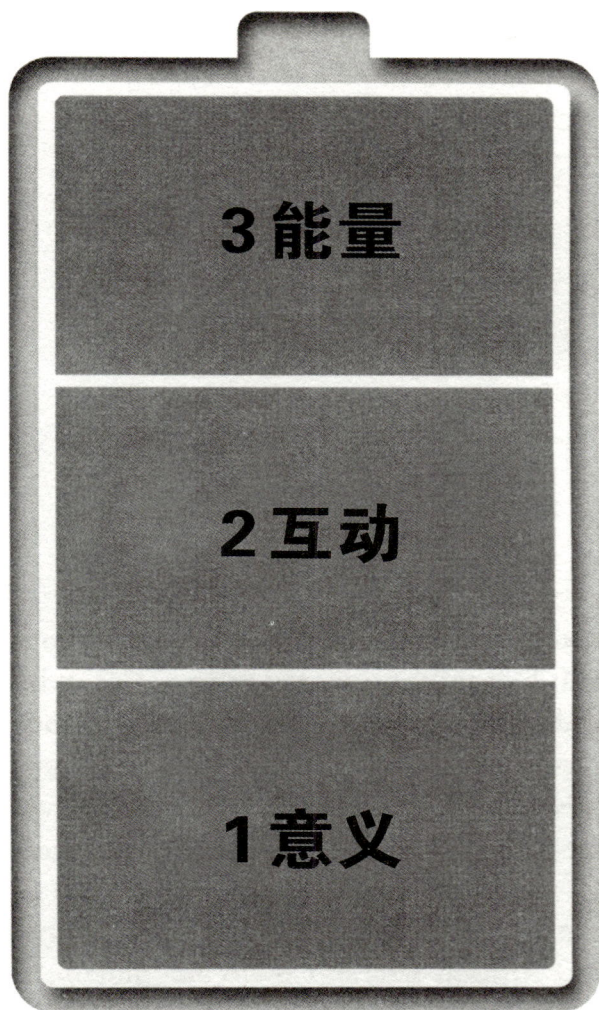

3 能量

2 互动

1 意义

昨天，**11%**的人能量充沛

16

把你的健康摆在第一位

一些很有爱心的人，他们的健康状况反而是最差的。这是我在过去几年里关注健康和幸福问题时，一次又一次观察到的现象。在完成了《吃饭、运动、睡觉》（接下来的三章出自这本书）这本书后，我收到了成千上万正和健康问题做斗争的人，以及精力不足的人的来信。

令人讶异的是，从事我最羡慕的职业的人，例如护士，他们的健康状况反而是最糟的。有一项研究发现55%的护士体重超标或者有肥胖问题。如果有哪个群体最需要提高身体素质，那肯定是医疗保健体系的工作人员了。他们是最好的举例对象。我听了各行各业的员工的故事，从教育工作者到企业领导，很明显，来自最有使命感的行业的一些人，他们一生都把别人的需求放在自己之上。

尽管在一定程度上，这是令人钦佩的，也符合这本书的关注点，但是，这是个代价昂贵的错误。即使你下定决心要做这世上最无私的人，奉献他人，你也需要每天充满能量才能有效率地去执行。临终关怀中心的护士们总是把临终病人和他们家人的需求放在第一位。我和他们交谈后发现，他们最不放在心上的就是自己的健康和精力。然而，当我问到怎样才能最好地帮助这个时期的病人，他们承认如果能投资一些时间在自己的健康和精力上，他们能为病人提供更多帮助。

一项研究调查了来自欧洲各地的3万名护士。研究发现，在同一个病区，和8小时轮班的护士相比，工作时间较长（超过12小时）的护士，他们的工作质量被评定为差的概率高出了32%。他们报告没有安全保障或是安全水平太差的概率也高出了41%。大多情况下，工作太长时间对于那些想提供服务的人来说，反而会起到帮倒忙的作用。

我在世界各地的公司里也发现了这个现象。常常存在一种隐形压力，尤其是针对领导者，要求他们早早地来到办公室，工作很长时间，并表示他们只需要一点睡眠时间就够了。然而，公司最不希望看到的就是他们的明星员工累倒在办公室，因为他们的日常工作会因此被打断。我的团队研究过这个问题后发现，在具体的某一天，精力非常旺盛的员工，他们在这一天完全投入工作的概率是平时的3倍。

如果你想做出些成绩，不仅仅是在今天，而且是在未来的很多年里，那么你得把自己的健康和精力放在第一位。不知疲倦地工作，吃自动售货机里的食物，没有时间运动，如果你因为这些原因倒下了，那么你就不能有效地帮助你的朋友、家人、同事、病人或是顾客。好消息是，选择改善你的精力并不需要制订什么大计划，只需要从你的下一个选择开始。

为了更健康，请使用短期思维

我在这本书的开头提过，在过去的二十几年里，我都在和癌症对抗，努力活得更久。我从自己的经历中学到的重要一课便是：即使是未来的死亡威胁也很难激励你今天做出更好的决定。虽然知道运动也许能帮助预防癌症，我还是没能坚持每天运动。大多数人在吃快餐前，不会停下来思考这么频繁地食用快餐是否会增加患心脏病的长期风险。

所有关于建立更健康生活方式的知识，在它们真正改变日常行为前，是没有什么用处的。这就是为什么在过去的10年里，我花了很多时间寻找获得更健康的身体和更充沛的能量的最切实际的办法。我在大量阅读各种研究时，从中找寻更好的日常决定与短期胜利以及激励措施的关系。由于我既不是医生也不是这方面的专家，于是我以病人和研究员的身份，去寻找最实用的办法，以便做出更健康的选择。

和我所了解到的长期健康后果相比，将更好的决定和我的日常能量水平联系起来，后者在改变我的行为上的作用要大得多。如果我某一天有重要的事要做，那么我会确保自己在早上活动一下，让心情变得更好，思维变得更敏捷。我选择午餐的标准是它能否维持我的精力，让我度过下午和傍晚。如果我一整天都很有活力，并且吃得很好，那么我就知道自己晚上一定能睡个好觉，而这又能使我在第二天有一个好的开始。

这些小决定的累积效果，不管是好的还是坏的，都快得惊人。如果早餐都是甜的、烤的或是油炸的食物，那么在这天剩余的时间里，你会很难重回正轨。有时候，我不得不坐几个小时的飞机，或是开几个小时的会议，我的身体和精神都被这种静止状态击倒了。一晚睡不好常常就能让我脾气暴躁，工作效率下降。

吃饭、运动和睡觉，只要这三者中任意一个出了差错，其他所有一切都会被打乱。一晚糟糕的睡眠会导致你放弃运动、选错食物等。好的一面是，这三者中，只要做好其中一项，就能给其他两项带来螺旋式的上升。和我最初预期的不同的是，实验性研究认为同时处理多个健康要素是个不错的办法。

　　想想你每天的情况，吃饭、运动和睡觉是怎样相互影响的。做好这三样是你一整天更加精力充沛的关键。不管是为了工作、家人还是朋友，当你需要拿出自己最好的状态的时候，你首先要做的是确保你有足够的能量可用。

17

吃出更好的日子

你吃的食物直接影响你当天的能量水平。然而，我们常常不知道该吃什么，不该吃什么。对于很多人来说，包括我在内，总消费量这种直接的测量方式很有吸引力，比如总卡路里。遗憾的是，卡路里测量的不是食物的质量。

哈佛大学的一项标志性研究用了20多年时间，追踪了10多万人。该研究明确表示，你吃下的食物的质量比单一的数量要重要得多。研究还指出，与摄入的总热量相比，食用的食物类型对你健康的影响更大。吃掉300卡路里的菠菜和吃掉300卡路里的甜曲奇效果是不一样的。但是，和我聊过的大多数人还是坚持相信"一切适中就好"的古老哲学。正如最早从事这项研究的达瑞什·莫扎法里安所说，这个中庸哲学实际上只是"想吃什么就吃什么的借口"。

如果选对了食物，吃好这件事就变得简单。不要跟风各种健康食谱，你可以把你健康饮食的核心要素设定为那些更容易坚持的东西。

首先从基础的开始：远离油炸食品，减少精制碳水化合物的摄入，尽量减少添加不必要的糖分，将蔬菜作为食谱的中心，用水果代替糖果，多喝水、茶叶和咖啡，以代替碳酸饮料或是甜味饮料。

现今，说到食谱，什么是好的，什么是坏的，各种建议莫衷一是。但是，有一点是肯定的，不会有人建议你多吃甜甜圈，少吃苹果。正确饮食不应该被复杂化。

将你的日常生活建立在正确饮食的基础上，这不仅是可以坚持下来的，还是令人愉悦的。首先，多吃能够很好地提供每日所需能量的食物。这比跟风最新食谱或是走极端容易得多。

我们必须注意的是，为健康和精力食用正确的食物和30天减10磅的饮食计划是两回事。人类的身体需要一些时间对饮食变化做出反应，大多情况下，需要一年或是更久。每天，以提高精力为目的做出更好的选择，这样才不会因为期待快速的体型改变（这通常需要不少时间）而变得不耐烦。

第 17 章
吃出更好的日子

让每一口都有意义

你每咬一口食物，都是在做一次小小但重要的选择。每一口饮料也是一次小选择。当你的选择带来的好处大于坏处，例如选择沙拉放弃汉堡，你由此获得的净收益能给你的身体带来正能量。如果你决定喝甜甜的碳酸饮料而不是喝水，那么就会造成净收益的损失。

大多时候，我们的一餐会同时包含好的和坏的成分，例如包含高蛋白食物，但同时也有含糖量过高的食物。一天之中，你可能会吃好几次不那么理想的食物。试着计算一下吧。根据你知道的每种食物或是每一餐食物的成分，问问自己将要吃下的食物会增加还是减少你的净收益。如果你坚持问自己这个问题，你就能做出越来越好的即时决定。

和摄入的蛋白质的量相比，大多数人摄入的精制（加工过的）的碳水化合物的量更大。然而，一项大规模的相关研究显示，如果能配合减少碳水化合物的摄取，那么即使只是稍微增加一些蛋白质的摄入量，也能改善健康状况。如果想深入挖掘菜单或是包装袋上列出的总热量的含义，其中一种方法就是看看碳水化合物和蛋白质的比例。

你充满电了吗

我从几年前就开始这么做了。当你查看杂货店的包装食品或是菜单上的基本营养信息时，这是个不错的简便方法。我包里当作零嘴的混合坚果或是当作午餐的菠菜奶豆腐（一道由菠菜和芝士组成的印度菜），它们的碳水化合物和蛋白质比例都接近1:1。我的底线是要尽量避开碳水化合物和蛋白质比例超过5:1的食物。例如，大多数被当作零食的薯条或是麦片，这个比例是10:1。

密苏里大学2014年的一项研究发现，早上摄入蛋白质会提高多巴胺（一种和冲动行为有关的大脑分泌物）浓度，而这会导致在接下来的时间里，身体对香甜食物的渴求降低。如果你不吃早餐，长此以往，你的身体会进行脂肪储备，腰围随之增加。为了保持思维敏捷，身材苗条，吃对早餐很重要。

加糖麦片和早餐棒也许能迅速为你提供能量，但是效果并不持久。相反，早上食用血糖指数低的食物能够防止之后血糖浓度剧增，从而有利于在午餐和晚餐时做出更好的选择。可以考虑用鸡蛋白、浆果类、瘦肉、三文鱼、坚果、果实、蔬菜打底的奶昔或者其他无糖分添加的食物代替传统的燕麦早餐。

维持更好的碳水化合物和蛋白质平衡，坚持下去，你就能改善自己的精力和健康状况。你在包装袋、包装盒或是菜单上要注意的另一件事是糖分总量。这一项，越接近零越好。我们的食谱里当然不需要额外添加糖分，这种"毒素"是糖尿病、肥胖、心脏病和癌症的发病能源。糖的代替品也好不到哪里去，它们只会让你更加渴望甜食。

设置更好的默认模式

在饮食习惯的养成上，我们通常会选择阻力最小的那条道路。虽然这种倾向听起来是个缺点，但它也有自己的长处。如果你在去超市前列好一份健康食品清单，那么你冲动采购的概率就会小很多。还有，你可能已经听说过了，最好在你吃饱而不是饥饿的时候去购买食物。

当我去我家附近的超市购物时，我的大部分时间都花在生鲜农产品区和海鲜区。我知道只要我能远离中间那几条塞满了不健康食品和精加工食品的走道，那些东西就不会出现在我的购物车里。如今，我明白我购物车里的任何东西都是要回家制作的，而在家制作的任何东西最后都将进到我的胃里。

近在眼前的食物，被你吃掉的可能性很高。因此，整理你厨房和储藏柜的食物时，记得把最健康的食品放在最显眼、最容易拿到的地方。把没那么健康的食品藏在不方便拿取的地方也能起到一定作用。更好的办法是清理你的储藏柜，把你可能会吃的、营养价值低的东西都处理掉。

把水果、蔬菜和其他健康食品放在你冰箱显眼的位置，或者放在厨房洗手台、桌面上。即使你不饿，看到这些东西就能在你脑中埋下种子，下一次你想吃东西的时候就会想起它们。此外，也可以考虑在你出门的时候，带上一小袋坚果、水果或是蔬菜。这样的话，在你没有更好的食物可选择时，它们可以满足你对下午点心的需求。如果你决定选择更健康的食物，越早做准备，越容易在最后一刻抵住诱惑。

寻找能为你心情充电的食物

38岁的杰里米·莱特站在浴室的体重计上，被自己看到的数字震惊了。体重计显示225。于是，他去见了他的医生，然后收到了一个更加令他震惊的消息：他的空腹血糖值达到了134，接近糖尿病边缘。

从踏上体重计的那天起，莱特就开始一点点地改变他的生活方式。经过这些年的累积，现在，在做任何决定前，他都会先问问自己这么做会改善还是损害自己的健康。他每周去健身馆五次，即使这意味着他必须提早一个小时下班。当他在家办公时，他选择站着。他减少了碳水化合物和糖果的摄入。如果要吃零食，他只吃坚果，或是喝水。

莱特说几乎是从他一开始做出改变起，他就感觉到情况好转了。现在，他的体重从225磅降到190磅。他的腰围从40英寸降到了34英寸。他的T恤从加大号变为了大号。他的血糖值也正常了。最重要的是，他觉得自己更有精力了。尽管他工作的时长变短了，但他完成的事情变多了。

你每天吃的食物不仅会影响你的能量水平，也会明显影响你的心情。研究人员在研究人们吃的食物和心理健康的关系时发现，一些食物能为你提供正能量，而另一些食物则具有相反的作用。例如，吃太多油腻食物会让你昏昏欲睡、闷闷不乐。2014年的一项研究认为添加糖分的精加工食品可能也会让你变得无精打采。

一个相关的实验发现摄入较多反式脂肪酸会让人变得更易怒，更具攻击性。这些发现都如此明确，因此一名研究人员建议像学校和监狱这样的地方，应该重新考虑是否还要继续提供不健康的食品，因为他们可能会给周围的其他人带来危险。甚至是"安慰食物",比如烘焙食物,实际上也起不到安慰作用,反而很可能会让人变得更抑郁。

　　另一方面,做出更好的饮食选择能够改善你的日常健康,提升你的幸福感。有研究认为在你食用较多蔬菜和水果的那些日子里,你会感觉更冷静、更快乐,也会比平时更有精力。每次你在决定要吃什么时,你都在影响你的日子和你与他人的互动。

18

跑之前先学会走

在一整天时间里保持活跃是保持精力充沛的关键。即便一天运动30到60分钟也无法抵消剩余时间里的久坐。每小时都动一动，让自己变得更活跃，这样就能让你保持精力充沛。

现今，人们坐着的时间（9.3小时）比睡觉的时间还长，但人类身体不是为了静态的生活方式而进化的，因此久坐引发了很多问题。即便你注意自己的饮食，并且每天都坚持锻炼，也不足以抵消久坐造成的影响。据2014年的一项研究估计，每坐两小时就会抵消20分钟运动带来的好处。

来自美国国立卫生研究院的研究人员追踪了20多万人10年，发现即便每周7小时的中等到高强度健身活动也无法抵消久坐不动带来的害处。即使是他们研究的最活跃的那个小组，也就是每周锻炼时间超过7小时的那组人，如果他们同时也是坐得最久的小组的成员，那么他们的死亡率将增加50%，死于心脏疾病的概率将翻倍。

别让久坐消耗你的能量

久坐可能是这个时代最被低估的健康威胁。它随着时间悄悄侵蚀人们的健康。从整体看来，不活跃杀死的人比烟草还多。近期来自梅约诊所的一项研究发现，普通美国民众每天睡觉和坐着的时间超过15小时。有肥胖问题的男人和女人每天花在高强度活动上的时间都没有超过一分钟。

想一想你一天坐着的时间累积起来有多少。也许你坐着看了一会儿早间新闻，吃个早餐。然后，上班路上，你又坐了1个小时。到达办公室后，你有8到9小时时间坐在办公桌前。然后，你坐着回家，再坐下和家人一起吃晚餐，在上床睡觉前，再花一到两小时坐着看电视。

虽然这是一些人寻常的一天，但是我希望你的一天能更活跃些。如果你去回想自己一天的行程，你很容易就会发现自己有很长时间都是坐着的，但是不容易发现的是，这种"坐病"会让你付出健康代价。

你坐下后，你腿部肌肉的电活动立刻停止，你每分钟燃烧

第 18 章
跑之前先学会走

的热量降到仅仅 1 卡路里，帮助分解脂肪的酶的活性下降 90%。静坐两小时后，好的胆固醇含量减少 20%。

然而，对于大多数人来说，一天静坐几个小时是无法避免的事，因此要尽量增加每天的活动量。即便只是每小时伸几次腿，站一会儿，都是有益的。

走路能提高 150% 的能级。爬楼梯消耗的能量是走路的两倍。别总想着没有时间多走一点儿路，把它视作增加你每日活动量的机会。

仔细观察你周围的环境，看看要怎么减少你完全静止的时间。由于我们的生活是以简便为目的的，因此我们需要的很多东西都放在触手可及的地方。所以，你能够坐着很久都不用动，不用和人交流。想要扭转这个情况，可以试试改变你家的布置，咖啡的位置，不是为了方便，而是为了多走几步。

小小的活动不仅对你的体能有益，对你的大脑也一样。有研究显示，在脑力活动过程中进行定时休息，能够提高创造力和生产力。动得越多，你的思维越敏捷。在过去的几年里，大量研究显示，即便是短暂的活动也能改善学习效果，提高专注度，帮助你的大脑更加有效地工作。

为了更大的活动量，请开始测量

提高你的活跃度的最好办法之一就是测量你每天的活动量。在这个可穿戴健康追踪设备的黄金时代，一只并不昂贵的计步器就能完成测量。有实验发现，和对照组相比，佩戴计步器的参与者每天多走1600米。此外，由于测量活动量，该组成员的整体活跃度提高了27%。

2009年，我开始用一个名叫Fitbit的带芯片的小设备追踪我每天的活动。通常，我每天的活动量是5000步。那时候，我觉得自己挺活跃的，完全没想到自己的生活方式其实有多静态。一年后，我每天的平均步数是8000步。现在，我给自己定下一条规矩，每天上床前必须完成10 000步，即使是坐车、坐飞机出行的日子也不例外。

我在一台旧的跑步机上自制了一个工作站。使用这个工作站工作时，我每天大约能完成30 000万步。这是我最好的纪录。尽管要把这样的活动量挤进一天时间里，这听起来很多，但是在这些日子里，我通常能完成更多的工作，因为走路提高了我的能量水平。每晚睡觉前，我看的最后一样东西是我当天的总步数和距离。这项数据已经成了一个最好的指标，用来判断我当天过得顺利还是懈怠、充满压力。

根据我的研究，为了达到较好的整体活跃度，一天10 000步这个目标不错，相当于走了8000米路。如果你把每天所有的活动都加起来，那么这个距离并没有听起来的那么可怕。另一方面，一天活动量少于5500步就被认为是静态。幸运的是，从5500步开始到推荐的10 000步，都能为健康带来显著的短期和长期好处。

用20分钟换取12小时的能量

也许你已经注意到了，保持活跃能够提高你的日常幸福感。根据一个相关实验的发现，情绪的改善能够持续的时间比我以为的还要久。研究人员让其中一组参与者进行20分钟中等强度的运动，发现与没有运动的对照组相比，这些参与者的心情在运动后立刻变得更好。令研究人员惊讶的是这种好情绪的持续时间。即使过了2、4、8、12小时，他们的心情仍旧比对照组的好。

晚上锻炼比完全不运动好，但是如果你在晚上锻炼，你就会因为睡眠而错过运动带来的情绪改善期。你在早上越活跃，这12小时的好情绪越不会被浪费。早上运动也能帮助你在这一天燃烧更多的热量。

　　不要觉得早上运动会消耗你的能量，虽然在改变你日程安排的头几天里会这样，但是记住，它最终会给你的一整天带来更多能量。即使是简单的活动也能为你在创造力和生产力上带来大收获。

　　当你处于活跃状态时，你的思维会更敏捷。伊利诺伊大学的贾斯汀·罗德斯解释道："研究显示，我们进行运动时，包括大脑在内，身体各处的血压和血流量都会增高。更多的血意味着更多能量和氧气，而这能让大脑更好地运作。"此外，激活大脑和身体里的这些通道并不需要再做些别的。

　　想要增加每天的活动量，先从简单的改变开始。在开会的时候走动和站立能帮助你保持注意力和精力。打电话的时候使用耳机，这样你就能同时走动。如果可能的话，想办法站着或者走着使用电脑工作。关键是要开始往你每日的行程中添加一些活动。

19

睡出更好的成绩

　　我在中西部一个民风勤奋向上的城市长大，那里的人们认为需要睡眠是软弱的象征。我尊敬的那些成年人常常夸耀自己只需要很少的睡眠就能工作。现在我明白这种情况源自高尚的职业道德，但那时我却觉得睡眠是该从我的一天中剔除出去的第一件事。

　　然而，在过去的10年里，我明白了减少1小时睡眠不仅不等于增加1小时成就或快乐，还会产生相反的效果。如果你少睡了1个小时，你的幸福感、生产力、健康状况和思考能力都会下降，但是人们的第一选择还是牺牲睡眠。我也曾陷在这个陷阱里很多年，直到我发现我对牺牲睡眠的看法和大量的研究结果截然相反。

　　我读了安德斯·埃里克森关于精英表现的著名研究，发现很多人都忽视了一个会显著影响表现的因素。尽管很多人关注的是他有关一万小时刻意练习的发现，但是我注意的是影响最佳表现的另一个因素是睡眠。在这些研究里，表现最好的人平均每晚睡8小时36分钟。与之形成对比的是，普通美国人在工作日的晚上只睡6小时51分钟。

埃里克森对包括音乐家、运动员、演员和国际象棋选手在内的精英们的表现研究还认为，提高休息频率会带来更好的成绩。和我前面提到的最高效的员工很像，这些行业里的精英们也以冲刺的方式工作。埃里克森发现他们会提高休息的频率来避免筋疲力尽，并确保再次充满电量。因此，他们能够不断进步，完善自己的技艺。

如果你做一件事做得太久，你的表现就会下降。为了避免这种递减结果，你可以试试以冲刺的方式工作，定时休息，并保证足够的睡眠。下一次，如果你需要额外的1小时能量，试试增加1小时的睡眠。

别在喝了6瓶啤酒之后去上班

睡得越少，你能取得的成绩越少。哈佛大学医学院的一项研究发现，由于睡眠不足，仅生产力一项，每年就给美国造成

第 19 章
睡出更好的成绩

了 630 亿美元的损失。这项研究的一名作者写道："美国人并没有因为失眠不去上班。他们继续工作，但是因为疲劳，他们完成的工作量变少了。在信息化经济中，很难找到对生产力影响比这更大的因素了。"

如果你睡眠不足，你工作时就会变成另一个人。一项研究认为，缺少 90 分钟睡眠会让你白天的警觉度降低近三分之一。对于你这天要完成的事情来说，警觉度降低如此之多会造成严重的后果。

为了正确地看待这个观点，我们可以站在其他人的角度去思考这个问题。我希望我明天将乘坐的飞机的机长，我孩子的老师或者我公司的老板，他们今晚都能睡个好觉。然而，这些在生活中扮演着重要角色的人们，却常常认为自己是最不需要睡眠的人。可能有足足三分之一的员工的睡眠时间通常都少于 6 小时。有时候，睡眠不足造成的后果远远不止是生产力降低。

睡眠不足的情况下开车可能和醉酒开车一样危险。有科学家曾深入研究过这个问题，表示缺少 4 小时的睡眠相当于喝了 6 瓶啤酒。一晚不睡相当于血液里酒精浓度达到 0.19% 的效果，而这是法律规定的酒驾标准的两倍。这就是为什么医生和飞行员现在在工作前都会被强制要求休息。如果你去看看重大的交通事故，包括汽车、火车和飞机，睡眠不足是造成事故死亡的常见原因。

给常见感冒注射疫苗

睡好在预防普通感冒上的实用价值可能更大。在一项研究中，参与者同意接受隔离，滴几滴含鼻病毒（普通感冒）的鼻滴剂。在接受鼻病毒前，研究人员连续14个晚上监测了这些参与者的睡眠质量，之后，他们监测了这些参与者在接受鼻病毒后的5天里有没有患上感冒。

实验结果显示，在接触鼻病毒前，每晚平均睡眠少于7小时的参与者，他们患上感冒的概率是其他人的近3倍。实验还显示你在床上躺着的时间并不是最重要的。你可能有过这样的经历，在床上翻来覆去8小时，但只睡了6小时的好觉。

考虑到这一点，研究人员还为每一位参与者的睡眠质量，或者说是"睡眠效率"进行了评分归等。计算的过程考虑了入睡时间和睡醒时间，睡着前在床上躺了多久，晚上醒来多少次，以及睡眠过程中的总共清醒时间这些因素，以显示睡眠效率对哪个参与者会患上感冒的预测效果更好。

在接触鼻病毒前的14天里，睡眠效率较低的参与者们患上

第 19 章
睡出更好的成绩

感冒的概率是其他人的5.5倍,而单从睡眠时间判断,结果是3倍。至于健康的其他方面,睡眠质量也有很广的影响。尽管你看不见自己身体里发生了什么,但是很明显,睡得好对你近期的生理健康有直接影响。

与光线、温度和噪声作战

虽然每晚好好地睡上7到8小时是件说起来简单做起来难的事,但是你可以做一些调整来提高你睡好觉的概率。其中最重要的是调整你在睡觉前几小时里的行为。

超过90%的美国人在睡觉前一个小时使用电子通信设备。在睡前使用这种压力源只会让你保持清醒。2014年的一项研究认为,深夜使用智能手机会影响第二天的工作。这项研究发现,在深夜使用智能手机会导致糟糕的睡眠,也会让你在上班时感到疲劳,工作投入度下降。

仅仅是电子产品的光线就能抑制褪黑激素的分泌,使其浓度降低20%之多,而褪黑激素会直接影响睡眠质量。为了避免这样的情况发生,给自己定下规矩,在睡觉前一小时内不要使用任何电子产品。在睡前的几个小时里,小心任何强光源。白

你充满电了吗

天的自然光会给你更好的睡眠，提高你的生产力，而在夜间，昏暗的光线能帮助你睡得更好。

创造正确的卧室环境会为一晚好觉开个好头。房间温度比你白天习惯的温度稍低几度，能让你更容易入睡。这个温度差可以防止你的生物钟把你从睡眠中叫醒。

同样的原则也适用于噪声。如果你经常被各种声响吵醒，可使用白噪声应用程序或设备来防止夜间被吵醒。尽量减少日程变动是获得一晚好睡眠的关键因素。

把7到8小时高质量睡眠摆在所有事情之前。当你把睡眠摆在第一位时，你就更能做到在早上好好地运动一下，在工作时完成更多的任务，并能更好地对待你在乎的人。记住，多一小时睡眠并不会降低你的效率，相反，它会为即将开始的一天添加正能量。

20

吃饭—运动—睡觉舒压法

在吃好、运动好和睡好对你健康的各种影响中，它们对压力的缓冲效果可能是最显著的。科学家们早就知道压力源会累积，并在细胞层面上引起衰老。染色体终端是染色体两端的保护帽，影响细胞老化的速度，保护你的细胞不受压力源的影响。随着染色体终端变短，结构完整性变差，细胞会渐渐老化、死亡。

染色体终端会随着你年龄的增长而变短。研究证实它们也会因为压力的影响而变短。加州大学旧金山分校的一个研究团队对染色体终端变短速度（即使是在压力的影响下）可能减慢的程度感到惊讶。在这个引人关注、持续一年的实验中，239名女性提供了她们的血样进行染色体终端检测，并报告这一年中发生过的令她们感到压力大的事件。研究人员还追踪了她们在研究期间的饮食、运动和睡眠情况。

研究人员发现，在这一年中接触较多压力源的女性，她们的染色体终端明显变短。这个发现本身就已经足够令人瞩目了，因为这是第一次有研究显示压力源会在仅仅一年时间内造成实质性的变化。然而，当研究人员分析保持健康生活方式（根据她们的饮食、运动和睡眠情况判断）的小组，发现生活中压力源的累积并没有引起染色体终端的明显变短。正如该研究的第一作者伊莱·皮泰曼所总结的，这些结果显示"在高压力下保持活跃、吃好、睡好，对于延缓免疫细胞的加速老化尤其重要"。

别让压力滚雪球

当潮湿的大雪开始落在我的门前时，我知道我得在雪停前就开始铲雪。如果我等得太久，雪会积得太深太厚，我就铲不动了。底部还可能压成一层铲不过去的冰。压力也会以类似的方式慢慢累积。

这就是为什么我们从一开始就要防止压力堆积。压力是生活中最常见的、毁掉美好一天的凶手。尽管一点点压力不会造成什么问题，有时甚至还是有益的，但是随着时间的流逝，慢性压力会造成很大的伤害。过度的压力会加速衰老，提高心脏疾病、中风、癌症和早逝的风险。这些负面效果是充满压力的日子的副产品。在这些日子里，身体中的皮质醇浓度升高，炎症增加。

多年来，我一直认为压力这个东西偶尔会破坏一天的心情，仅此而已。我觉得几天或是几周压力过大没什么关系，因为我可以简单地"切除压力"。然而很显然，事实并非如此。每天、每周和每月的过度压力会逐渐累积。压力大的日子会堆积起来，让你的能量水平、健康状况和人际关系恶化。当你和慢性压力做斗争的时候，你不太可能感受到精力充沛。

想想生活中常常会给你带来压力的事务。找到第一时间避免这些情形发生的方法，至少要让它们造成的日常压力最小化。尽量不要容忍会给你的健康和幸福带来严重后果的巨大压力。

避免二手压力

与他人互动时遇到的困难是大多数人的压力根源。如果你的老板受到了很大的压力，逼迫你完成不现实的目标，那么他的压力就变成了你的。如果你的配偶或是亲密的朋友压力过大，即使是为了和你们的关系没有关联的事情，你也会很快感染这种压力。

你充满电了吗

当你听到"压力"这个词时，想一想你会自动联想到谁。从朋友到家人，再到同事，你的社交网络中可能会有一个或是更多的人步伐比其他人快。这是很正常的事。有些人可能更为懒散，性格随和；有些人生活节奏较快，喜欢立刻完成很多事情；还有些人容易对别人轻易完成的事感到焦虑和恼怒。

我刚好是喜欢保持活跃，快速行动的那类人。对于我来说，美好的一天就是用不多的时间完成很多的事情，然后在余下的时间里和朋友、家人轻松相处。但是，我发现当我处在快步模式中时，其他人会误以为我受到了压力。因此，他们觉得我这一天都没什么耐心，而这导致了他们的压力增大。我当然不是故意的，但是我能看到我投射下的不安带来的后果。

如果你觉得这听起来有些耳熟，那么多注意你的情绪温度和用词对其他人的影响。你有很多事情要做的时候，你给你的同事、朋友和家人留下的印象是什么？尤其要想想你有没有无意间把这种压力传递给你社交圈中较随和的那些人。当那些容易被你的压力传染的人在场时，注意放松下来，或者至少把影响值调低。

对他人传递给你的压力说不。处理自己的事情时，你已经要面对很多情绪上的压力源了，更不要说再加上来自你的同事、邻居和社交网络的压力源。

21

韧性回应

　　如何应对潜在压力源决定着你是否会受其影响。如果你把它当作压力源回应，那么你的身体就会将它视作威胁。但是，如果你把同一件事当成一个挑战，你就会获得一个截然不同的生理反应。它会提高你的精力，为你提供正能量。

　　在一个与压力源相关的大规模研究中，宾夕法尼亚州立大学的研究人员询问参与者在过去的8天里，每天24小时都做了些什么。研究人员通过他们的答案看到了他们"日常经历的潮起潮落"。研究人员还收集了他们的唾液样本，来检测应激性荷尔蒙皮质醇水平。研究人员追踪了参与者10年间的健康状态。这项研究显示，因为日常压力源而焦虑且无法摆脱这种情绪的参与者，10年后更容易患上慢性病，从疼痛到各种心血管问题。该研究的一名作者说道："我们的研究显示，在不受你现在的健康状况和将来的压力的影响下，你今天对生活中某件事的反应，能够预测你10年后（内）的慢性健康状况。"

　　你也可以重新审视重大压力源，减轻它们的危害。一组研究人员教导其中一组员工一个简单的应对重大压力源的三部曲：首先，注意压力的存在。其次，寻找压力背后的意义（例如，这个项目让我觉得有压力，因为我知道如果我成功了，我会得到提拔）。最后，他们问这些员工要如何疏导压力来给自己添加动力，提高生产力。

　　不仅参与者的压力水平降低了，他们的工作效率和健康状态也得到了改善。正如其中一名研究员肖恩·阿克尔所说的，"如果我们把意义从活动中分离出来，我们的大脑就会进行反抗。"但是，如果你提醒自己为什么要做这么有挑战性的事，你的大脑看到的就是动力而不是压力。

　　在研究了20年的人类行为后，我最吃惊的部分是：人类非常有韧性，几乎到了不合理的地步。从离婚到所爱的人的死亡，当面对人生最悲伤的经历时，大多数人的回应是相同的。他们会恢复过来。

　　虽然需要时间，但总的来说，人们都能从大多数重大压力源中完全恢复过来。下一次，当你遇到似乎无法逾越的难题时，提醒自己这一点。你能恢复过来的。唯一的问题是需要多长时间，而这取决于你做出什么样的回应。

在回应前按下"暂停键"

当一个压力突然出现时，你的本能是立刻回击，做出反应。尽管这个机制在我们的祖先遇到野兽袭击的时候很有用，但在今天却没什么用处了，除非真的有人袭击你的身体。科技使得我们很容易进行快速回应，从而导致压力加剧。我知道自己因为回应太快而对一些人感到内疚，尤其是那些嘲讽口吻的邮件，只会让事情变得更糟糕。

当你遇到一个小小的心理压力源时，在你的脑中按下暂停键，这样就能起到效果。越能触动你，让你的心跳加速、呼吸急促的事情，你越要在开口或是打下第一个字前退后一步，好好想想。

如果你在屏幕上阅读时，一个急性压力源出现了，那么后退一步，转移你的注意力，这会让事情变得容易些。如果一个和你距离很近的人给你造成了压力，例如有人插队排到你前面，尽最大努力不要做出冲动的反应。冲动不仅可能让事情变得更糟糕，它还告诉周围的人，你无法控制自己的情绪。即使在最困难的时候，也要花一点时间思考，然后进行理智的讨论。这让你有时间好好思考整件事情，想到办法以更健康的方式应对对方。

笑着承受

笑，即使是被迫做出的假笑，也可能帮助你应对简单的压力源。我原先对此有所怀疑，但是当一个研究团队想办法让参与者的的脸部肌肉做出微笑动作时，发现它产生了真的回报。研究人员培训实验的参与者将棍子放在嘴里，让相关的脸部肌肉呈现出微笑或是中性表情。参与者实际上下意识地使用了这些肌肉露出笑容。

当参与者被要求进行充满压力的多任务活动时，在整个任务过程中微笑的小组对压力源做出了较好的反应。与做出中性表情的参与者相比，微笑的参与者的心率更低，他们自己报告的压力水平也更低。这项研究认为，不论你在当下是不是真的感到高兴，像微笑这样基本的东西就可能降低你身体压力反应的强度。

负责这个实验的研究员莎拉·普莱斯曼说道："下次碰到堵

第 21 章
韧性回应

车，或是面对其他压力时，试试在脸上挂上一会儿笑容。它不仅能帮助你在心理上真的笑出来，并容忍这件事，还可能对你的心脏健康有益。"

另一个医学研究小组正在研究微笑对抑郁症患者的意义。2014 年发表的一部分实验内容中，研究人员安排了 74 名抑郁症患者在眉毛中间的"皱眉肌"上注射了一针肉毒杆菌，或是注射盐水作为安慰剂。六周后，真的注射了肉毒杆菌导致皱眉肌失去功能的那组受测者，52% 的人的抑郁症状得到了缓解，而注射安慰剂的小组中只有 15%。

下一次遇到明显不愿和你互动的人时，记住这一点。不要增加你回应中的敌意，相反，挤出笑容，试着往前看，这样你可能会把你的思想和身体调整到一个更好的状态；如果你较真了，情况只会变得更糟。

结语：创造正能量

一个小时的最佳使用办法是把它投资到会持续增长的事情上。当你为他人的一天带去正能量时，这个能量会继续传递到他们接下来的每一个互动中去。即使你无法直接看到这些结果，但将一个小时投资在另一个人的成长上，就能在一天时间内增加整个人际网络中所有人的幸福感。它也会帮助你成长。如果你帮助了有相似问题的人，你就能更好地帮助自己。在与酒精有关的、最大的临床试验之一中，研究人员发现，在戒酒过程中，帮助过其他酗酒者的酗酒者中，有40%的人成功戒酒，并在治疗后的一年时间内没有饮酒。相反，没有帮助过他人的酗酒者，只有22%的人能保持清醒。帮助有相似问题的人能使你解决问题的成功率翻倍。后续的一项研究发现，94%的帮助过其他酗酒者的酗酒者，他们的抑郁程度较低。

有个系列研究调查了成百上千的大学生，认为人们在帮助他人解决创意问题时，比自己解决相同问题时的表现要更好。

人们似乎更倾向于做好事，创造意义，甚至是对完全陌生的人也是如此。

分享你最宝贵的资源

把时间花在他人身上产生的回报大于花在自己身上的。这个原理同样适用于你的财务资源。与给自己买东西相比，给予他人能为你带来更多的东西。不过别担心，通过给予获得快乐并不需要你拥有很多金钱，需要的只是一点努力。

这是一个新兴的研究课题，也就是"给予会通过各种方式提高幸福感"的核心发现。经济学者亚瑟·布鲁克斯分析了哈佛大学采集自美国41个社区的30 000个家庭的数据后，发现慈善捐款（反而）会增加捐款者之后的财富。布鲁克斯在杨百翰大学的一次演讲中说道：

"假设有两个相同的家庭——相同的宗教、相同的种族、相同的孩子数量、相同的小镇、相同的教育，一切都是相同的。唯一不同的是，一个家庭给慈善机构捐款100美元，另一个家庭没有捐款。之后，捐款的家庭比没捐款的家庭平均多赚375美元。这在统计上归功于礼物。"

给出去的每一美元都和将来增加的3.75美元有关。布鲁克斯还发现，这种效果不仅仅适用于金钱。花时间做志愿工作的人和献血的人，他们也可能在将来赚更多的钱。

这个关于给予的研究最有趣的地方是，这似乎是个全球普遍的现象，不论富有还是贫困。一个由杰出研究人员组成的团队分析了来自136个国家的20多万人的数据，发现慈善捐款在世界的任何地方都能提高人们的幸福感，即便是那些报告说无法保障家人温饱的人也是如此。

研究人员将截然不同的国家进行了对比，比如加拿大和南非，发现当他们向慈善机构捐款而不是为自己花钱时，两个国家的人都觉得更快乐，即使他们永远也遇不到他们捐款的受益者。因此，研究人员总结认为，人们捐款不仅仅是为了直接的满足感或是社交联络。相反，人的本性里似乎深植着一种东西，它让人们在执行无私行为时会有更快乐的感觉。

为了美好的生活

我们并没有多少能做出惊天动地事情的日子。这是所有人的少数共识之一。这也可以成为强劲的驱动力。接受现实，我们需要在我们能做到的时候，为这个世界注入很多好的东西。你可以选择如何使用你的时间。运用这些知识，专心做每天中最重要的事。

如果你不优先完成今天最重要的事，你以后可能会后悔没有多花时间和配偶或者孩子们相处，你可能会后悔你没有坚持很多年前的一个想法。幸运的是，今天，你还有时间为这个世界添加一些正能量。

从那些能够创造意义的工作开始，向每一次互动投资以加强你的人际关系，确保你有足够的能量做出最佳的表现。同时完成这些事情，就是充满电量以及为你周围的人提供正能量的含义。

推荐行动

1. 观看影片《充满电量》，并和朋友们分享观影感受

为你的工作和生活充电以及提高他人幸福感的实用方法。观看免费片段以及世界知名专家的睿智见解。

2. 制订计划获得更多能量

制订一个30天的吃饭—运动—睡觉计划，来提高你的能量水平。

3. 记录你的健康状况和幸福感

下载免费的Welbe程序来记录你每天的健康和能量状况。和平台上的朋友以及佩戴可穿戴设备的朋友比较你们的成绩。

4. 教导孩子

阅读《充电：吃饭、运动、睡觉》的简介。这是本配有插图的书，目的在于帮助孩子们提高他们的能量和幸福感。

5. 影响他人

下载章节精华提炼和问题讨论（本书的下一部分），和朋友、家人以及同事分享、讨论。

http://www.tomrath.org

工具和资源

A：章节精华提炼和问题讨论

B：必读推荐

注意：可在http://www.tomrath.org上下载其他资料以及为团体、小组和公司设计的PDF版讨论指南。

A: 章节精华提炼和问题讨论

意义

1.通过微小的成功创造意义

你的空闲时间有多少花在能够创造意义的活动上？你该如何在你每日或是每周的行程中添加一项有意义的活动？

今天，你怎么通过你的工作收获一点有意义的进步？如果你今天没有做到，你明天该怎么做？

精华提炼: 为他人创造意义比追求自己的快乐更重要。

在过去的一个月里，你做过的最有意义的事情是什么？

2.追求生命、自由和意义

你目前的工作或角色为什么存在？它能帮助其他人，让某个过程更有效率，或是产出别人需要的东西吗？

哪些外在激励因素容易把你拉向错误的方向？

精华提炼: 有意义的工作是由深层、内在的动机驱动的。

你该如何为你服务的人群提供更多东西?

你为什么要做现在的工作? 你最大的内在激励因素和心理暗示是什么?

3.让工作成为目标而不是场所

你该怎么做才能腾出更多时间在有意义的事情上？

你的工作是否改善了你的生活？

精华提炼：你的工作应该能提高你的整体幸福感。

什么会让你觉得你是某个共同目标的一部分？

4.寻找比金钱更高的使命

你的人际关系是否因为你每天的工作变得更牢固?

你的身体是否因为加入这个公司变得更加健康?

精华提炼：为了你的幸福，别让金钱扼杀了意义。

你是否通过每天的工作为这个社会贡献自己的一份力量？

金钱什么时候能给你正向的动力？你是否曾被金钱导引到错误的方向？

5.问问世界需要什么

你的朋友、同事、顾客和社区有哪些还未实现的重要需求?

想想你独特的天赋和能力。有什么事情你能做得远远胜过你所知道的大部分人?

精华提炼：当你的优势和兴趣能满足另一个人的需求时，你就能创造意义。

哪些活动能给你带来正能量，并为社会带来长期贡献？

6.不要陷入默认陷阱

哪些任务会让你投入到忘了时间？

谁能为你的日常生活带来能量？你该怎么做才能有更多时间和这些人相处？

精华提炼：将梦想融入你的工作，以此投下你自己的影子。

　　你今天可以在工作中迈出怎样的一步，借此看看你的工作如何为他人创造意义？

7.行动起来创造未来

你的日常一天，有多少时间花在回邮件、短信和电话上？又有多少时间花在主动采取行动上？

如何更明智地工作而不是更努力地工作？

精华提炼：不要对每次的铃声都做出反应，关注更少才能做得更多。

如果你明天只能集中精力完成几件有意义的事，那么会是哪几件事？你该怎么做才能减少回应别人的时间？

你该如何运用科技帮助自己让干扰因素最小化，而不是听凭它们打断你？

8.专注45分钟，休息15分钟

你该如何安排你的一天，以便你能以冲刺的方式更有效率地工作？

你该如何提示你的朋友和（或)同事他们工作的重要性？

精华提炼: 以冲刺的方式工作，定时休息，牢记目标。

你和你的团队可以通过什么样的"实地考察"来更直接地看到你们工作的意义？

章节精华提炼和问题讨论

互动

9. 让每一次互动都有意义

为了将正能量融入你今天的互动，你做了什么？

在接下来的几个小时里，你可以做些什么为别人添加正能量？

精华提炼: 我们的日子主要由与身边人的简单互动组成。

在为所处的环境添加正能量这件事上，你的哪些朋友或同事做得最好？你能从他们身上学到什么，以便更好地将正能量传递下去？

10. 80% 的积极

昨天，你积极互动的比例是多少？消极的比例是多少？

你该如何确保别人知道你关注他们的工作和努力？

精华提炼：去年，你收到的最有意义的赞扬或是认可是什么？你为什么能获得这份认可？

11.从小处开始，保持清醒

你今天可以采取什么样的小行动来提高你某位好朋友的幸福感？

面对陌生人时，你有什么好问题可以帮助自己更多地了解他们的工作或生活情况？

精华提炼: 切合实际的目标和好的问题能够创造速度和生产力。

对于能为你带来最多东西的某一段人际关系,你该如何投入更多的时间和精力?

12. 为了人际关系休息一会儿

如何增加你在工作中亲自参与社交的时间?

和哪些朋友和家人相处能够改善你的健康状况,提高你的
幸福感?

精华提炼：我们常常视作理所当然的社交网络对我们的生活有重大影响。

　　当你和他人相处时，你可以采取什么具体的行动让自己更关注对方？如何让对方知道你的注意力都在他们身上？

13. 体验优先

你可以计划什么样的体验或旅程为自己和他人创造快乐?

你该如何为他人的长期成长投入更多时间和金钱?

精华提炼: 在他人和体验上花费金钱能产生最大的回报。

你该如何让其他人期待你安排的体验或旅程? 如果你现在还没有什么安排, 你可以做些什么帮助他人从过去某次体验的回忆中受益?

14. 不要独自飞翔

你人生中最美好的时刻是哪些？这些时刻里是否有其他人的存在？

和为其他人或是团体创造新的价值相比，你有多在意打败你的竞争对手？

精华提炼:当我们相互合作，有共同的动力时，我们会做得更好。

你周边的奖励、认可和激励措施是以个人还是团体目标为基础的？如果目标是为他人做更多事，你觉得这个动力怎么样？

15.建立累积性优势

你所记得的最早有人指出你的独特天赋，并鼓励你多花时间发展这个优势的例子是什么？

你上一次注意到别人的出色表现并告诉对方是什么时候？

精华提炼: 你越关注他人的优势,他们成长得越快。

明天,你可以具体、真诚、详细地给予哪个人认可?

章节精华提炼和问题讨论

能量

16.把你的健康摆在第一位

在忙碌的一天之中，你有多少次把自己的健康摆在第一位？

你该如何把一些小小的、有益健康的选择融入你的生活方式中去？

精华提炼：如果你吃好、运动好、睡好，你就能为他人做更多事情。

你有没有注意到在你吃好、运动好、睡好的日子里，你的心情、精力、互动和生产力都有什么变化？

17.吃出更好的日子

对你来说，健康饮食的核心元素是什么？你该如何将这些元素融入你的日常行程中？

你一天中最常吃的零食是什么？你能否为你每日的行程添加更健康的备用零食？

精华提炼: 吃好，首先要从更健康的默认设置和选择做起，并让你的每一口都有意义。

你有没有注意到什么食物更能影响你的情绪和精力？你要如何尽量食用能给你带来更多能量的食物？

18.跑之前先学会走

在寻常的工作日，你有多少时间是坐着的？算算你吃饭、上下班途中、工作、和他人碰面、交往、看电视、在电脑前工作时，一共有多少时间是坐着的？你该怎么做，至少每天把这个数字减少1小时？

有什么事情你可以从今天做起，以便增加你每天的活动量？

精华提炼：保持活跃对你的健康和幸福最重要。你动得越多，你的心情就越好。

你该如何提醒自己每小时至少要打破静坐状态一两次？即使只是起来伸展30秒也好。

19.睡出更好的成绩

你要睡多久才会觉得得到了充分的休息？你睡眠充足并有效率地工作的频率是多少？

在你的家人以及社交、工作圈子中，你该如何把睡眠摆在优先位置？你可以做些什么，让你周围的所有人改变他们的日程安排以获得最佳睡眠和后续带来的能量？

精华提炼：每一小时的睡眠都是你对未来的投资，而不是浪费。

你可以对你的卧室做出什么样的小调整，帮助你睡得更好？

20.吃饭—运动—睡觉舒压法

你可以做些什么确保你每一天都可以同时吃得更好，运动得更好，睡得更好？而不是一次只关注其中一项。

慢性压力源带来的问题比暂时压力源更严重。你该如何安排自己的日常生活和工作以避开会带来持续压力的情况？

精华提炼：你可以通过日常行动避免慢性压力逐渐累积并造成更大的伤害。

有没有什么人给你的生活带来大量的负面压力？如果有的话，为了减少你接收到的二手压力，你可以做些什么来减少和他们相处的时间？

21.韧性回应

找出你今天遇到的一个小压力源。你该如何重塑这个压力源（它有什么作用，或者说它对你有什么意义）来增加动力，减少压力？

下一次碰到突然出现的压力源时，你该如何提醒自己在匆忙做出回应前（不管是通过网络还是当面），按下脑中的"暂停键"？

精华提炼：你对潜在压力源的回应比压力源本身更重要。

面对人生中的重大挑战时，你做过的最有韧性的回应是什么？你从这次经历中学到了什么，能够帮助你在下一次面对重大压力源时，将它转化成一个更有意义的挑战？

B：必读推荐

（关于意义、互动和能量）

《进步定律：使用小的胜利点燃工作中的快乐、敬业度和创造力》

特里莎·阿玛拜尔和史蒂文·克拉默 著

他们研究了 12 000 条日常记录，揭示了每天做有意义的工作的小小动力如何让个体和团队脱颖而出。这本书充满了有关我们日常工作和生活的出色研究。

《大连接：社会网络是如何形成的以及对人类现实行为的影响》

尼古拉斯·克里斯塔吉斯和詹姆斯·富勒 著

这本书总结了大量有关社交网络力量的研究。两位杰出研究人员所著的这本书揭示了人际关系如何以我们完全猜想不到的方式影响着我们的健康、工作和幸福。

《生命的心流：最佳体验心理学》

米哈里·契克森米哈赖 著

作者是世界最好的心理学家之一。本书创建了"心流"这个词来描述一种状态，即你非常喜欢正在做的事以至于忘记了时间。

《快乐的钱：更快乐消费的科学》

伊丽莎白·邓恩和迈克尔·诺顿 著

这是我读过的关于如何更好地使用自己的财务资源的最全面的观点。这本书由两位世界知名的研究员兼消费与幸福专家合著，让我重新思考如何优先使用我的时间和财务资源。

《情绪的解析：识别脸和情感以改善交流和情绪生活》
保罗·艾克曼　著

这本书将会改变你接下来和他人的互动。作者保罗·艾克曼是心理学家和研究员。他探索了我们的脸和情感如何影响我们每一天的质量。

《沃顿商学院最受欢迎的成功课》
亚当·格兰特　著

这部了不起的书详细解释了为什么多付出是件好事。作者是沃顿商学院的教授亚当·格兰特。他对相关主题进行了大量的研究。这是本独一无二的指南，能帮助你的职业生涯、公司和社区愈加和谐。

《死前清空：每天都拿出最好的表现》

托德·亨利 著

这是我读过的关于完成每天最重要的事这个主题的最引人入胜、最具煽动性的书。读完这本书就能激励你明天做更多事情。

《驱动力：在奖励与惩罚都已失效的当下，如何焕发人的热情》

丹尼尔·平克 著

这是本令人印象深刻的书，讲述我们每天所做的事情的原因是什么。我们需要为工作和生活寻找更内在的动机，平克总结了几十年来关于这个主题的重要研究结果。

《无意识进食：为什么我们吃得比我们以为的多》

布莱恩·万辛克　著

如果你想在吃什么上做出更好的选择，那么从这本书读起是最好的选择。关于吃的心理学，以及我们为什么常常做出与我们的长远利益相悖的选择，布莱恩·万辛克是世界级的权威。

让这本书成为可能的人们

正如我之前提到的，最有意义的工作往往发生在最深厚的情感下。我很难相信可以在缺少众多朋友的大力帮助和意见回馈的情况下，独自完成一本好书。多年来，我一直很幸运地在我的好朋友兼发行人派奥特里·贾斯基维奇博士的陪伴下，完成了我的每一本书。再一次，他帮助我更好地策划了这个项目的亮点、装帧和主题。

另一个为这本书贡献了很多时间的人是我的太太艾希莉。我总是把最初始的稿子拿给她看，在关心能不能引起他人的共鸣前，先看看内容是否合理。在过去的一年时间里，她已经读过了这本书每一章的各种版本，也帮助我们润色了2015年出版的一本儿童读物《充电》。艾希莉对这些书的贡献是无价的。此外，我每天从她身上学到的更多。她是无与伦比的朋友和太太，是我们两个宝贝了不起的妈妈。和艾希莉以及孩子们在一起的时间让我找到了很多意义，获得了很多能量，这是我从未期待或是料想过的。

我也很幸运能够有一个了不起的编辑——凯莉·亨利。我的每一本书都是和她合作的。她教会我更好地写作。此外，柯瑞莎·拉戈斯和莱斯利·威尔斯也在编辑方面做出了很大的贡献，不仅仅是对这本书,还有这些年来的其他项目和文章。爱德华·贝伯和布伦特·威尔科斯特帮助我们确保了这本书的排版方便阅读。舍温·索伊设计了封面。

对于我来说，写作过程中最重要的一件事是从精选的一组人中获得他们对初稿和中间稿的深度反馈。以下人员提供了大量的反馈意见，帮助这本书成为现在的样子。他们是：杰米·布莱恩、玛丽·谢德、玛格丽特·格林伯格、玛利亚·德尔·古兹曼博士、朱迪·克林斯、西恩·洛佩兹博士、大卫·马丁、汤姆·马特森、丽莎·欧哈拉、杰西卡·泰勒博士、翠西·沃德和克丽丝汀·威尔金森。我在帕修斯出版社的长期合作伙伴埃里克·凯图宁、苏珊·赖西和金·威利也是这个项目的重要顾问，他们还确保了读者在各地都能买到这本书。谢尔顿互动公司设计了全新的网站 http://www.tomrath.org，为读者提供更好的资源。

出版后记

　　工作明明已经堆积如山，却总是没有干劲；面对社交活动的邀请，却总是打不起精神；也知道应该早睡，应该形成良好的饮食习惯，如此才能精力充沛，但总是管不住自己。多少次下决心要奋力打拼，事到临头却萎靡不振，焦虑、迷茫、孤独如影随形，只觉得心好累。状态出了问题，什么雄心壮志也只能付之东流。

　　你的状态是可以整理的！与其被动等待状态好转，何妨主动出击？本书总结了让你状态满格的三大因素，提供了21个为自己"充电"的细节，保证让你每一天都精精神神的。本书作者是盖洛普咨询公司的高管，最善于通过大范围的调查得出切实可行的策略，书中给出的每一条建议，都是在查阅了不计其数的学术研究论文、采访众多权威专家后，从数以千计的备选方案中精心挑选出来的。本书建议你，通过追求事业的意义来改善工作状态；通过创造正面的互动时刻来改善社交状态；通过一系列微小的改变来提升自己的身体和精神状态。要言不烦，又极具操作性，相信能给你带来立竿见影的影响。

这是一本新书，几个月前才在美国上市，并迅速占据了畅销书排行榜；这又是一部经典，是总销量超过600万册的数本畅销书的精华荟萃，其内容的有效性早已被数以百万计读者的口碑所证明。除了这本书之外，后浪出版公司已出版的《横向领导力》《做事的常识》《沟通的艺术》等书，也可以为您改善日常状态提供帮助，敬请关注。

服务热线：133-6631-2326　　188-1142-1266

读者信箱：reader@hinabook.com

后浪出版公司

图书在版编目（CIP）数据

你充满电了吗：激活人生状态的精力管理关键 / （美）拉思著；清浅译. -- 南昌：江西人民出版社，2016.8

ISBN 978-7-210-08298-9

Ⅰ.①你… Ⅱ.①拉… ②清… Ⅲ.①成功心理—通俗读物 Ⅳ.①B848.4-49

中国版本图书馆CIP数据核字(2016)第070989号

Are You Fully Charged © 2015 Tom Rath.
First published in the United States by Missionday.
Simplified Chinese translation © 2016 by Ginkgo (Beijing) Book Co., Ltd.
All Rights Reserved.

版权登记号：14-2016-0084

你充满电了吗：激活人生状态的精力管理关键

作者：[美]汤姆·拉思

译者：清浅　责任编辑：徐旻

出版发行：江西人民出版社　印刷：北京天宇万达印刷有限公司

889 毫米 ×1194 毫米　1/32　7.25 印张　字数 91 千字

2016 年 8 月第 1 版　2016 年 8 月第 1 次印刷

ISBN 978-7-210-08298-9

定价：48.00 元

赣版权登字 -01-2016-132

后浪出版咨询(北京)有限责任公司 常年法律顾问：北京大成律师事务所
周天晖　copyright@hinabook.com

未经许可，不得以任何方式复制或抄袭本书部分或全部内容
版权所有，侵权必究
如有质量问题，请寄回印厂调换。联系电话：010-64010019